Motor Fan Special No.02

Motor Fan
illustrate
Power Engine Main

KB146649

가솔린엔진
부속장치

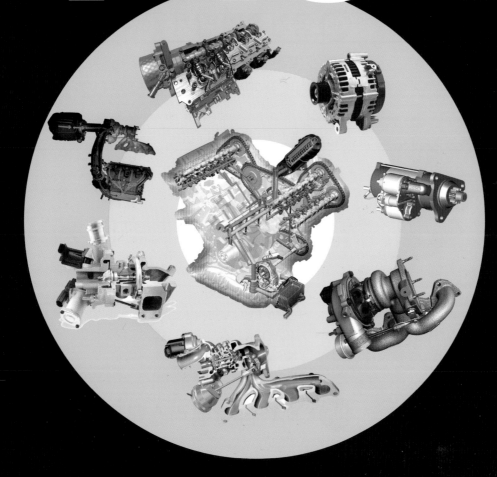

GoldenBell
www.gbbook.co.kr

Motor Fan
illustrated
Special No.2
CONTENTS

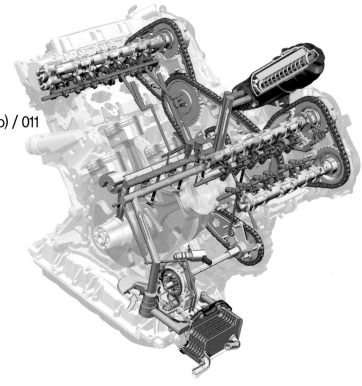

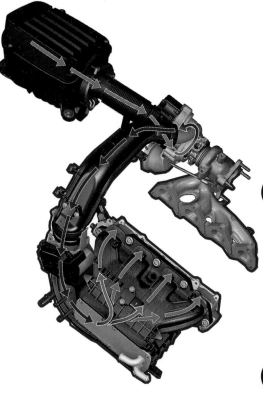

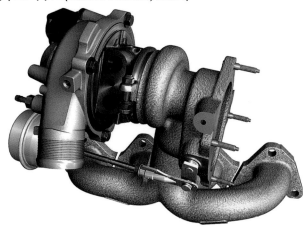

Motor Fan illustrated
Special No.2

CONTENTS

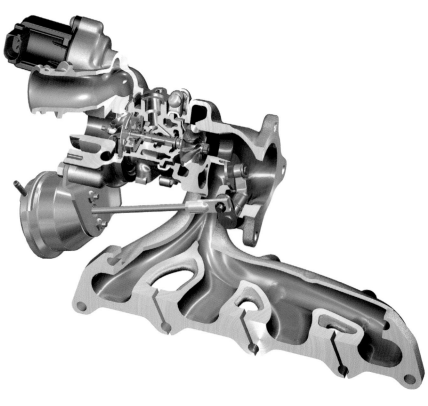

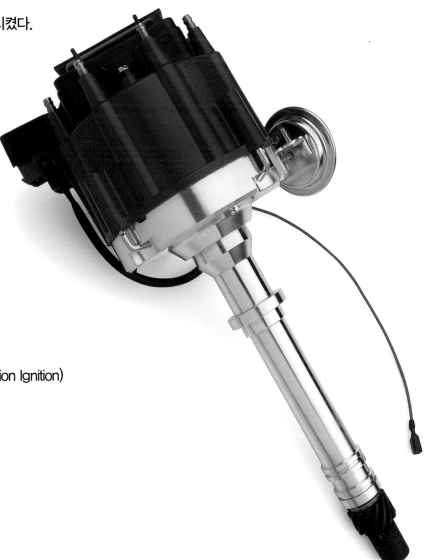

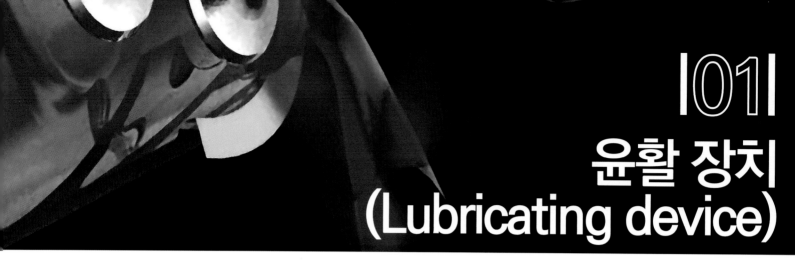

|01|
윤활 장치
(Lubricating device)

① 오일펌프(oil pump)

가변 캠 및 밸브기구의 채택 등으로 오일펌프의 부담은 증가할 듯

▶ AUDI 3000cc V6 TFSI 오일 회로

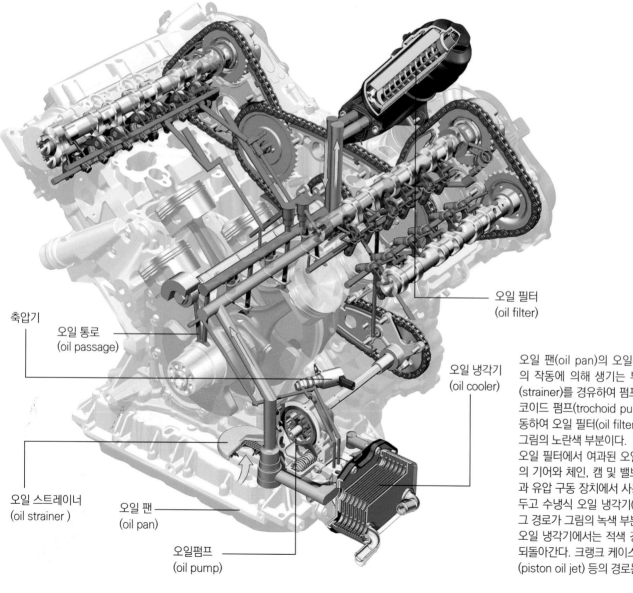

축압기
오일 통로
(oil passage)

오일 스트레이너
(oil strainer)

오일 팬
(oil pan)

오일펌프
(oil pump)

오일 냉각기
(oil cooler)

오일 필터
(oil filter)

오일 팬(oil pan)의 오일은 오일펌프(oil pump)의 작동에 의해 생기는 부압에 의해 스트레이너(strainer)를 경유하여 펌프 내부로 흡인되며, 트로코이드 펌프(trochoid pump ; 로터리 펌프)가 작동하여 오일 필터(oil filter)로 압송된다. 그 경로가 그림의 노란색 부분이다.

오일 필터에서 여과된 오일은 액세서리 구동 계통의 기어와 체인, 캠 및 밸브기구 계통의 윤활·냉각과 유압 구동 장치에서 사용된 후 축압기를 중간에 두고 수냉식 오일 냉각기(oil cooler)로 보내진다. 그 경로가 그림의 녹색 부분이다.

오일 냉각기에서는 적색 경로를 통해 오일 팬으로 되돌아간다. 크랭크 케이스 쪽의 피스톤 오일 제트(piston oil jet) 등의 경로는 설명되지 않았다.

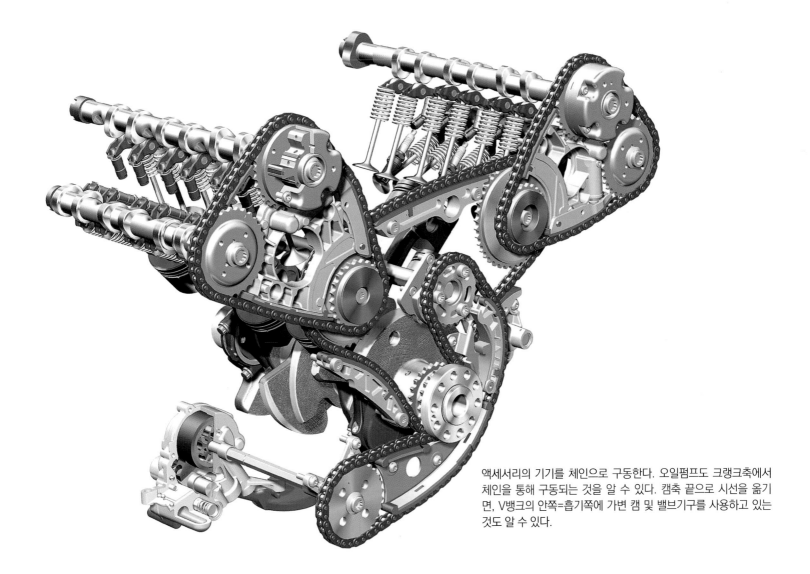

액세서리의 기기를 체인으로 구동한다. 오일펌프도 크랭크축에서
체인을 통해 구동되는 것을 알 수 있다. 캠축 끝으로 시선을 옮기
면, V뱅크의 안쪽=흡기쪽에 가변 캠 및 밸브기구를 사용하고 있는
것도 알 수 있다.

엔진은 내부에 많은 섭동부분을 갖고 있다. 그 부분들이 마찰에
의해 고착되지 않도록 하기 위해 윤활유(엔진 오일)를 각 구성 부
품으로 압송하여 순환시키는 기구가 오일펌프이다.

강제로 오일펌프를 구동하여 오일을 순환시키는 이유는 필요
한 양의 오일을 필요한 시기에 공급하는 것 외에도 교반 저항
(agitation resistance)도 저감할 수 있기 때문이다. 또한, 열이
높아지는 부분에서 열을 제거하여 냉각하는 것도 오일 사용의 또
다른 목적이다. 아울러 엔진 오일은 금속 입자 등의 불순물을 회
수하는 역할도 한다.

회수한 불순물은 통로에 설치된 필터에서 여과시켜 오일의 청정
성을 유지한다. 이러한 이유 때문에 오일을 순환시키는 것이 좋
다. 오일펌프의 구조는 트로코이드식이 주류를 이룬다. 안쪽의
로터(inner rotor)와 바깥쪽 로터(outer rotor)가 동시에 회전하
면 로터 사이의 공간 체적이 변화하는 것을 이용한 용적형 펌프
이다.

구동력은 크랭크축 출력의 일부를 기어나 체인을 이용하여 전달
받는다. 즉, 펌프 자체의 회전속도는 엔진 회전속도에 의존하고
동시에 비례 관계가 성립한다. 엔진에서 연료가 연소될 때 차량의
구동 등에 실제로 사용할 수 있는 에너지는 약 30%로, 60%가

열 손실, 10%가 마찰 손실로 사라진다.

오일펌프의 구동은 마찰 손실 중 약 10%를 점유한다고 한다. 또
한, 요즈음에는 가변 캠 및 밸브 기구 등을 구동하는 작동 원으
로도 엔진 오일의 유압이 이용되어 그 부담은 증가하는 경향이다.
반대로, 오일펌프에 의한 손실을 저감할 수 있다면 그만큼 연비가
향상된다.

그 때문에 만든 대표적인 것이 엔진의 중속~고속회전 영역에서
오일의 토출량을 억제하는「가변 용량형」펌프이다. 오일펌프의
토출량은 엔진의 회전속도가 높을수록 증가한다. 그러나 엔진 쪽
에서 요구하는 유압은 어느 속도에서 포화상태가 된다. 즉, 요구
하는 유압을 초과하면 오일펌프의 토출량을 제한하여 손실을 저
감한다.

가변 용량화라는 용어에서 떠오르는 것은 펌프의 전동화이지만
오일펌프의 경우에는 구동을 위해 필요한 출력이 최대 2kW 정
도에 달한다. 즉 소비 전력이 크고 그만큼의 출력을 발생하는 모
터는 거기에 맞게 크고 무거워지기 때문에 중량과 비용의 측면에
서도 문제가 된다. 오일펌프는 앞으로도 기기의 고안을 거듭하여
효율의 향상을 도모할 것이다.

▶ GM 쉐보레(Chevrolet) · 콜벳(Corvette)의 듀얼 로터리 오일펌프

2009년형 쉐보레·콜벳 ZR1에 탑재한 「LS9 소형 블록」, V형 8기통 6200cc 슈퍼차저 엔진에 듀얼 로터리 가변 용량 오일펌프가 사용되었다. 하우징 내부에 두 개의 트로코이드(로터)를 갖고 있으며, 엔진의 요구 유압에 따라 2단의 작동을 실행한다.

오일펌프를 조립한 상태이다. ZR1은 높은 가속도 영역에서도 안정된 윤활을 실현하기 위해 드라이 섬프(dry sump) 방식을 사용하고 있다. 듀얼 로터리 펌프의 두 번째 구동측은 오일 예비 탱크에서 공급하는 오일을 가압하여 압송하기 위해 사용된다.

오일 스트레이너

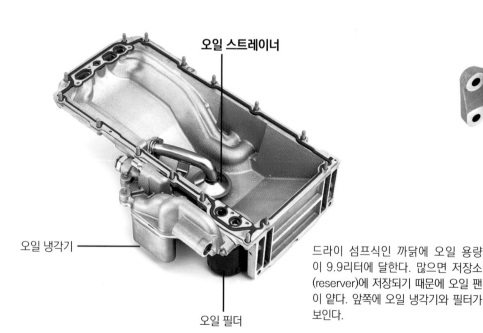

오일 냉각기

오일 필터

드라이 섬프식인 까닭에 오일 용량이 9.9리터에 달한다. 많으면 저장소(reserver)에 저장되기 때문에 오일 팬이 얕다. 앞쪽에 오일 냉각기와 필터가 보인다.

수랭식 오일 냉각기 사진이다. 피스톤의 에칭 처리된 면(etched surface) 뒤쪽에 오일을 분무하여 냉각하는 오일 제트 기구가 내장되어 있다.

◪ BMW 가변 용량 오일펌프

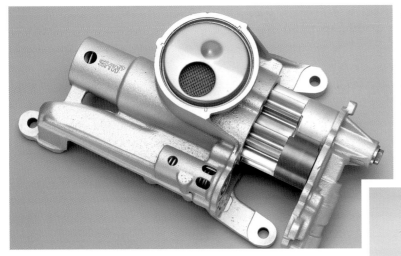

● 가변 용량 오일펌프(BMW MINI 직렬 4기통 엔진)

기구부는 내접식 트로코이드(로터)가 아닌 약간 복잡한 구성의 기어식으로 되어 있다. 사진 앞 쪽에 보이는 솔레노이드(solenoid)가 내부 유압에 따라 작동하여 유량을 가변시킨다. 이전의 펌프에 비해 약 160W의 구동 손실을 저감하며, 6000rpm 시 최대 1.6ps의 출력 향상과 약 1%의 연료 소비율 개선을 달성하였다.

● 가변 용량 오일펌프(직렬 6기통 엔진)

최신 R6계열 직렬 6기통 엔진에 사용되는 가변 용량형 오일펌프이다. 절단면 부분에 보이는 스프링이 유량 제어 밸브로 내부 압력에 따라 작동하며, 토출 포트의 용량과 서로 겹쳐지게 함으로써 고속 회전 영역의 펌프 작동을 제어한다.

◪ AUDI 4200cc V형 8기통 오일펌프

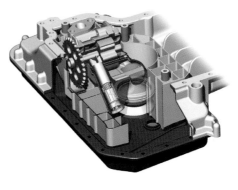

오일 공급과 오일펌프의 일러스트이다. 오일펌프는 기어식으로 2개의 기어가 맞물려 오일을 압송한다. 앞 쪽에 보이는 액추에이터를 사용하여 유량을 조정한다. 위의 BMW MINI에서는 맞물린 폭을 조정하여 오일의 용량을 가변하는데 2002년에는 아직 가변화까지는 적용되지 않았다.

● AUDI 4200cc V형 8기통 엔진

다소 진부한 예이지만, 2002년 발표한 아우디 A8에 탑재된 4200cc V형 8기통 엔진이다. 당시에 가솔린 엔진의 최상급 사양(246kW/430N·m)이다.

● 필터 일체식 오일 냉각기 유닛

이것은 같은 엔진의 오일 필터이며, 오일 냉각기와 모듈화된 것이다.

② 오일 필터(oil filter)

여과재의 진화

오일 필터의 효율 및 기능은 앞 페이지에서 기술한 바와 같다. 오랜 기간에 걸쳐 금속제 하우징을 사용한 카세트(cassette)화 유닛이 주류였으나 20년 정도 전부터 유럽과 미국 차량을 중심으로 여과재를 교환할 수 있는 형식과 하우징을 수지화한 형식이 증가되고 있다.

이는 교환 시 폐기하는 절차와 자원 보호 등의 동기에서 나온 조치로 추측된다. 또한, 최근에는 연비 절약, 성능 추구라는 입장에서, 엔진 오일의 저점도화가 추진되고 있으며, 이에 따라 여과재의 사용방법도 조정되고 있다.

수지 하우징의 경우 융설제(눈을 녹이는 물질)로 사용되는 염화칼슘에 대한 내성을 고려하여 조금 특수한 방향족 플라스틱이 사용되는 경우도 있다.

③ 적용사례: 가변 토출량 오일펌프 (variable discharge oil pump)

 릴리프 밸브(relief valve) 기구를 개선하여 과잉 영역의 유압을 줄여 효율을 향상

● 3단 가변 토출량 오일펌프

트로코이드 펌프의 부압에 의해 하우징 내부로 유입된 오일은 용량이 적은 서브 토출 포트와 대용량의 메인 토출 포트 측, 각각의 챔버(chamber)로 유입된다. 유입 압력이 높으면 릴리프 밸브가 좌측으로 이동하여 서브 토출 포트의 출구를 막아 흡입 측에 연결되는 통로로만 오일을 복귀시켜 유압을 제한한다. 또한 회전속도가 높아지면 릴리프 밸브를 작동하여 다시 서브 토출 포트의 토출구를 연다.

바깥쪽 로터(outer rotor)

안쪽 로터(inner rotor)

흡인 포트

서브 토출 포트

메인 토출 포트

릴리프 밸브

3 stage Variable Discharge Oil Pump

● 전통적인 오일펌프의 작동

구조 자체는 똑같지만 흡인 포트와 토출 포트는 각각 한 개씩이다. 유압으로 인해 릴리프 밸브가 작동하면 토출 포트에서 흡인 포트로 통하는 통로가 열려서 흡입 측으로 오일이 되돌아간다. 그 이후는 완전히 엔진의 회전속도에 따라 토출량이 변화된다.

Conventional Oil Pump

● 일반적인 엔진의 유압 특성

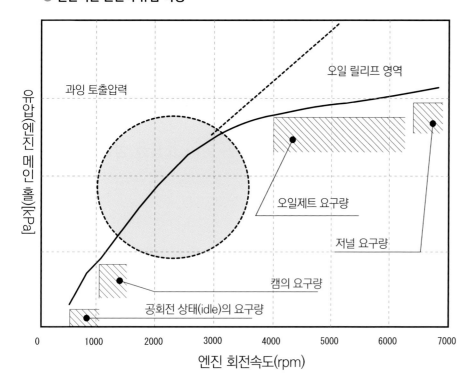

엔진이 요구하는 유압은 가변 캠 및 밸브기구의 구동과 냉각을 위한 피스톤 오일제트 등을 위해 회전속도가 높아질수록 증가하지만 여기에도 최대값이 있다. 펌프가 엔진의 회전속도에 비례하여 구동될 때 과잉 유압 발생량만큼 손실이 증가되기 때문에 릴리프 밸브 등으로 제어한다.

릴리프 밸브 주변의 확대 사진이다. 하우징 안의 오일 압력이 높아짐에 따라 한 방향으로 작동하는 과정에서 서브 토출 포트를 차단하며, 회전속도가 더 높아지면 다시 개방하는 복잡한 역할을 맡고 있는 일종의 액추에이터이다.

오일펌프를 구동하는데 사용되는 엔진의 출력은 기계 손실 전체 중 약 10% 정도를 차지한다. 즉, 구동 효율의 개선으로 연비의 향상을 「획득한 양」이 큰 부분인 만큼, 다양한 시도가 이루어지고 있다.

여기서는 AISIN 정기가 개발한 「3단 가변 토출 오일펌프」를 예로 들어 효율의 개선을 위한 구체적인 연구 방법에 접근해 본다. 오일펌프의 작동은 엔진의 회전속도에 따라 비례 관계에 있기 때문에 토출량(=유압)은 고속회전이 되는 만큼 높아진다.

그러나 엔진이 필요로 하는 유압은 어느 지점을 경계로 포화 상태가 된다. 그 이상의 유압을 발생시켜도 단순한 구동 손실이 되기 때문에 엔진이 필요로 하는 유압의 최대값을 넘는 것은 오일펌프가 릴리프 밸브를 작동시켜 오일을 흡인하는 쪽으로 보내 과잉 유압의 발생을 제어하고 동시에 구동 손실을 저감시킨다.

매우 전통적인 오일펌프라도 이러한 구조로 손실을 저감하고 있다. 당연히 토출량을 더 적게 정하여 세세하게 제어할 수 있다면, 더욱 연비의 개선에 더 많이 기여할 수 있지 않을까? 라는 발상이 나올 수 있다.

최초에 시도한 것은 오일 흡인 쪽의 장치로 펌프 내에 유입한 오

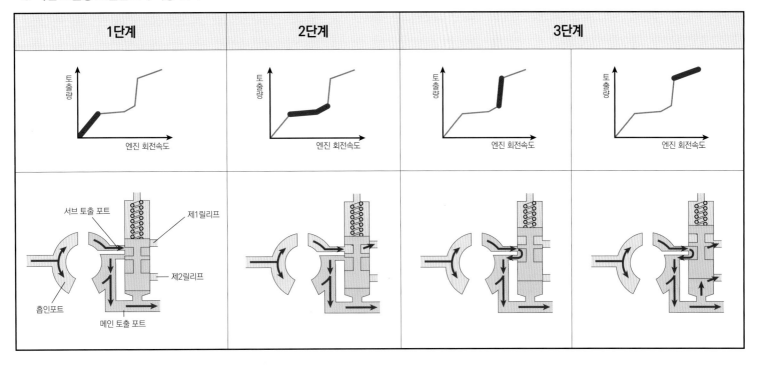

일량의 자체를 제한하는 방법이었으나 공동현상(cavitation: 액체에 기포가 생기는 현상)이 발생하여 기포 파열에 동반한 소음·진동 등의 문제로 개발을 단념하였다.

그 다음 시도는 흡입 포트를 2개로 나누어 필요로 하는 유압에 따라 통로를 변환하는 구조였으나 이것도 공동현상의 문제를 해결할 수 없었다. 거기서 발상을 180도 전환하여 흡입 쪽이 아닌 토출쪽 포트를 2개로 나누어 보았을 때 공동현상의 문제가 크게 개선된다는 것을 알 수 있었다.

여기서부터 구체적인 기구로 처리하는 작업을 시작하였다. 우선, 토출 포트와 챔버의 크기를 작은 것과 큰 것으로 나눈다. 엔진의 회전속도가 낮은 영역에서는 양 쪽의 포트에서 오일을 토출시킨다(이 상태를,「잠정적으로 초기 상태」라고 부르기로 한다).

거기서부터 조금씩 회전속도가 점진적으로 높아지면 릴리프 밸브를 작동시켜 적은 쪽의 서브 토출 포트를 차단하여 오일을 흡입 쪽으로 되돌린다.

이렇게 하는 것으로 저감한 유압만큼 연비를 저감하는 셈이다. 또한, 이 영역은 일반적인 주행에서 많이 사용하기 때문에 그만큼 실행 연비의 개선에 기여할 수 있다. 고속회전의 영역이 되면 다시금 양쪽 토출 포트에서 엔진 쪽으로 오일을 보낸다.

포트의 용량 자체는 같아도 엔진의 회전속도가 높아지는 만큼 초기 상태보다 큰 토출량을 확보할 수 있는 구성이다. 회전 영역마다의 토출량은 릴리프 밸브의 구조와 오일의 칸막이 벽, 각 포트 위치와 통로의 설계를 재점검하여 치밀하게 설정한다.

대량 생산화 대상은 내부 구조의 복잡화로 주조 공정에서 문제가 발생하였다. 이 점은 CFD(Computational Fluid Dynamics), CAE(Computer Aided Engineering) 기술의 진보를 활용하여 주입 압력과 주입 속도 등의 조건을 바꾸어 시험 제작을 반복하여 겨우 해결할 수 있었다.

또 하나, 양산에 즈음하여 큰 과제가 된 것은 토출 포트 2개의 변환을 확실히 하면서 안정되도록 시행하는 릴리프 밸브의 구조이다. 중요한 것은 작동 불량이 엔진의 문제와 중대한 문제로 직결되는 부품이므로 가능한 한 작동의 신뢰성, 내구성을 최우선으로 확보해야만 한다.

기본 구조는 전통적인 2단 릴리프 밸브와 같이 토출쪽의 유압에 따라 작동하는 방식으로 하였다. 그러나 토출량이 3단 가변이 되면 이전의 2단 릴리프와 비교하여 작동의 빈도가 약 7배까지 증가한다. 이에 견딜 수 있는 재료 및 제작 기술의 개발이 필요하게 되었다.

많은 연구를 거쳐 대량 생산화에 이른 3단계 가변 토출량 오일펌프는 이전의 형식과 비교했을 때 단일 구성 부품에서 30% 구동 손실의 저감을 달성하였다. 이러한 상태에서의 모드 연비는 10·15 모드로 0.4%, EC 모드에서 0.6%의 향상을 달성하였다. 수치만 보면 별 것 아니라고 생각할 수 있지만 오일펌프와 같은 단일 구성 부품에서 이만큼의 효율 향상을 실현했다는 것은 큰 찬사를 받을 만한 사실이다.

02

냉각 장치 (cooling system)

① 물 펌프(Water Pump)

효율 향상과 유량 가변 제어가 핵심 요소부담은 증가할 듯

▶ 물 펌프의 기본구조

임펠러

방사상의 날개가 5~10개로 형성되어 있으며, 원심 펌프로서의 기능을 수행한다. 프레스·수지·주철 등의 재질이 있다.

메커니컬 실(mechanical seal)

물 펌프 축의 실(seal)로 냉각수의 누출을 방지하는 기능을 하며, 섭동재로 세라믹과 카본의 조합이 일반적이다.

베어링

내륜도 겸한 축과 일체로 구성으로 되어 있으며, 복열의 베어링으로 축의 회전이 가능하도록 유지한다. 볼의 열이 2열인 형식과 볼 열과 롤러 열이 각각 1열로 된 형식이 있다.

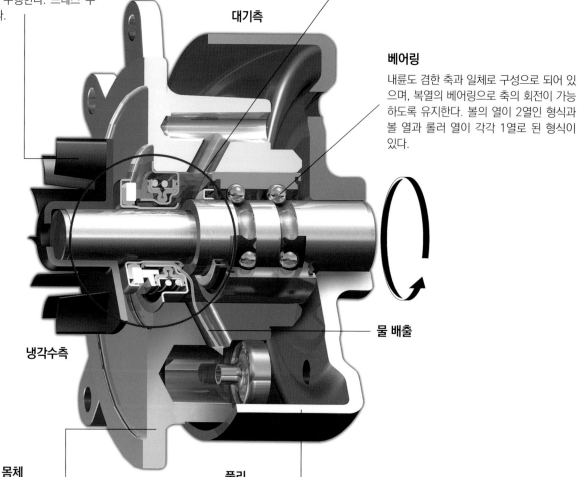

대기측

냉각수측

물 배출

몸체

베어링과 메커니컬 실을 유지하며, 실린더 블록 등에 고정된다. 알루미늄 DC 공법이 일반적이다.

풀리

벨트 등으로터의 구동력을 물 펌프 축에 전달하는 요소이다. 풀리 시트의 재질은 소결(sintering)·냉간 단조(cold forging) 등으로 제작한다. 풀리는 타이밍 벨트 구동의 경우에는 소결, V벨트 구동의 경우에는 프레스가 일반적이다.

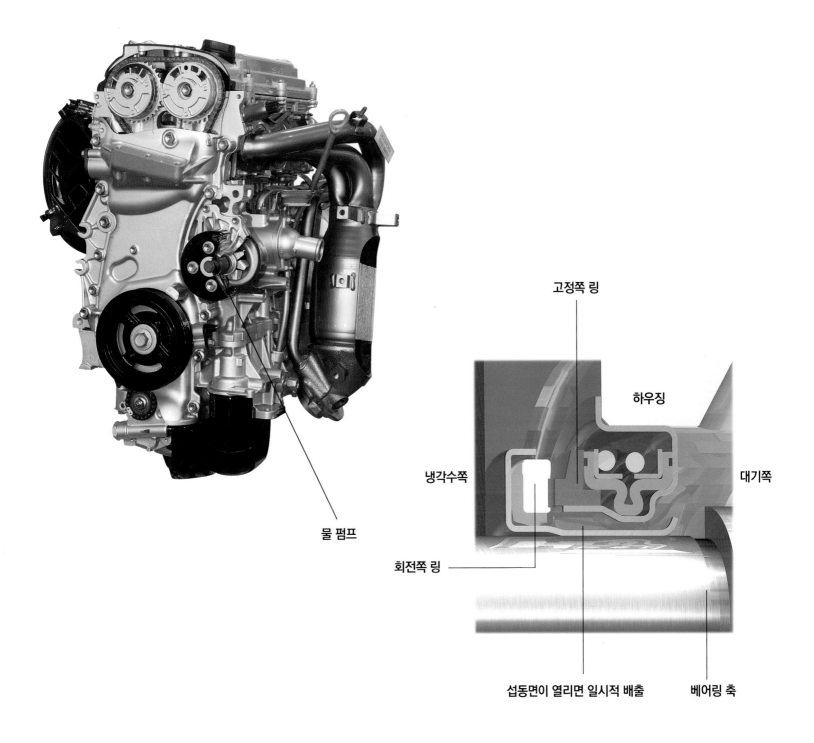

고정쪽 링

하우징

냉각수쪽

대기쪽

회전쪽 링

섭동면이 열리면 일시적 배출

베어링 축

물 펌프

엔진은 연료의 에너지를 연소라는 화학반응을 통해 회전(운동) 에너지로 변환하여 이용하는 기계이다. 하지만, 연료 에너지 중 60% 정도는 열로 변환된 상태로 배출된다.(열손실) 그 열은 연소실 주변에서 엔진 전체로 전달되고 축적되어 간다.

또한, 엔진 내부의 섭동 기구도 작동에서 오는 마찰로 인해 열을 발생시킨다. 이러한 열을 방치하면 열에 의한 비틀림이나 유막을 파괴하는 등의 현상이 발생되어 엔진의 정상적인 작동에 지장을 초래하게 되므로 적당한 방법을 이용하여 방열시켜야 한다.

현재 승용차용 엔진은 엔진 내부의 냉각수 통로를 순환하는 냉각수로 열 교환을 실행하고 공랭식 열교환기(radiator)를 이용하여 대기로 방열하는 「수랭식」을 사용하고 있다.

이 냉각수를 엔진 내부의 통로로 압송하는 기구가 물 펌프이며, 펌프의 구조는 원심형이 주류이다. 구동축에서 날개차를 회전시켜 원심력으로 축의 반경 방향으로 가압하는 형식으로 요컨대, 터보와 같은 구조이다.

일반적으로 물 펌프는 크랭크축의 출력을 이용하여 벨트 또는 체인을 매개로 구동된다. 설계상의 핵심은 날개차의 효율 향상과 메커니컬 실의 기밀성 및 내구성이다. 항상 한쪽은 기체, 반대쪽은 액체에 접하는 특수성 때문에 설계·제조에 노하우가 요구되는 부분이다.

또한, 다양한 사용 조건 하에서도 안정적으로 작동하고 내식성 및 내구성 등도 요구된다. 요즈음에는 연비 성능에 기여하기 위해 난기 시간의 단축과 구동 손실의 저감을 목표로 펌프 작동의 자유도를 높인 구조가 도입되었다. 대표적인 것 중 하나가 상황에 맞도록 펌프의 작동을 제한하는 가변 용량 기구이며, 또 하나는 펌프 자체의 전동화이다

▶ 엔진 냉각 계통

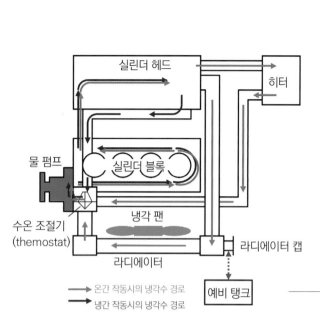

GM North Star 엔진

물 펌프는 변속기 쪽에 배치하고 캠축의 뒤쪽에 설치된 풀리를 벨트로 구동하는 특수한 구성이다.

캐딜락 CTS-V

캐딜락의 핫 버전(Hot version)은 콜벳 (Corvette)과 같은 계통의 LS-A형 6200cc 엔진을 탑재하였으며, 이로 인해 공통 부품은 물 펌프이다.

다이어그램 라벨:
- 실린더 헤드
- 히터
- 물 펌프
- 실린더 블록
- 수온 조절기 (themostat)
- 냉각 팬
- 라디에이터
- 라디에이터 캡
- 예비 탱크
- → 온간 작동시의 냉각수 경로
- → 냉간 작동시의 냉각수 경로

냉각수 회로 구성의 기본 그림이다. 먼저, 냉각수는 발열량이 큰 연소실 주변으로 흐른다. 냉간 시는 그곳에서 바이패스 통로를 지나 실린더 블록으로 흐르며, 다시 물 펌프로 돌아간다. 온간 시에 냉각수의 일부는 히터로 순환하고 일부는 라디에이터에서 방열한 후에 물 펌프로 흐른다.

구성부품	기능
실린더 블록(물재킷)	실린더 주변 냉각
실린더 헤드(물재킷)	연소실 주변 냉각
물 펌프	냉각수를 냉각 계통 회로 안에서 순환시킴
라디에이터(방열기)	공기와의 열 교환으로 냉각수 온도를 낮춤
수온 조절기	냉각수 온도로 냉각수 통로 제어를 실행
바이패스	냉간 시에 냉각수가 지나가는 우회통로
라디에이터 캡	냉각회로의 내의 압력을 제어
예비 탱크	냉각수의 보조탱크
팬	회전하여 방열기에 바람을 강제로 보냄

▶ 유량 가변 제어 시험 - BMW

이전의 물 펌프는 엔진의 회전속도에 완전히 의존하여 선형(linear)으로 작동(입력과 출력 관계가 비례 관계)하였지만 요즈음에는 냉간 시에 냉각수를 순환시키지 않음으로서 난기 시간을 단축하는 등 엔진의 상태에 따른 작동이 요구되고 있다.
아래의 그래프는 그 요구 영역과 과열 한계 영역의 관계를 간단히 표현한 것이다. 빨간 선은 요구 유량 특성을 선형(linear) 상태로 표시했다. 회색~녹색의 단계적 변화 부분은 각 요구 항목에 대한 과열 한계 영역을 표시한 것이다. 즉, 실제로 필요한 유량은 흰 부분에 해당하는 상태분이다. 여기에서 나온 새로운 발상이 유량 가변 제어이다.

전동 물 펌프 BMW 직렬 6기통 (2004~)

단면부의 중앙 부근에서 전동 모터의 로터(rotor)와 스테이터(stator)를 확인할 수 있다. 펌프의 전동화는 작동의 자유도를 높이기 위한 하나의 궁극적인 해답이다. 일반적으로 엔진의 냉각에 필요한 유량을 확보하기 위해서는 소비 전력이 2kW정도이지만 구조의 개선 등을 통해 200W 정도로 제어하였다.

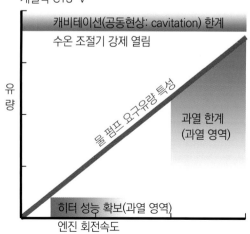

그래프 라벨:
- 캐딜락 CTS-V
- 캐비테이션(공동현상: cavitation) 한계
- 수온 조절기 강제 열림
- 유량
- 물 펌프 요구유량 특성
- 과열 한계 (과열 영역)
- 히터 성능 확보(과열 영역)
- 엔진 회전속도

구동 절환 물 펌프

● BMW MINI 직렬 4

PSA와 공동 개발한 4실린더 직렬 가솔린 엔진으로 시판 차량의 탑재는 2006년 신형 MINI부터이다. 그 후 푸조(Peugeot) 207, 308 등에 사용되었다.

ON

왼쪽 위의 직경이 큰 풀리가 물 펌프를 구동한다. ON 상태에서는 사선에 배치된 검은 「스위칭 유닛(switching unit)」이 클러치처럼 움직여 벨트와 접촉된 풀리를 구동한다.

OFF

OFF 상태에서는 스위칭 유닛(switching unit)이 펴진 상태가 되어 크랭크축 끝의 풀리에 위치된 벨트에 접촉되지 않아 회전력이 물 펌프 구동 풀리로 전달되지 않는다..

전자제어 수온 조절기

수지제품의 하우징을 사용한다. 성형 자유도가 높은 점을 활용하여 복잡한 구조를 실현하였다. 수온 조절기의 작동으로 냉각수 통로를 개폐하는 방식으로 유량 제어를 실행하여 난기 시간을 단축하여 연료 소비를 저감하고 있다.

● 온 디멘드(on-demand)식 물 펌프

온 디멘드식(on-demand : 요구가 있을 때 즉시 작동하는 형식) 물 펌프의 본체이다. 안쪽에 보이는 풀리가 왼쪽 사진(ON, OFF 사진)에서 왼쪽 위에 위치하여 스위칭 유닛과 접촉함으로 온 디멘드 작동을 하는 직경이 큰 풀리의 안쪽이다. 중앙부의 임펠러(impeller)는 안쪽 날개와 바깥쪽 날개를 갖추고 있다..

이전에 보조기기는 크랭크축 출력의 회전속도에 의존하여 작동하는 것이 기본이었다. 그러나 더 높은 작동 효율 또는 구동 손실의 저감을 추구했을 때 지향해야 했던 방향성으로써 「온 디멘드 작동」이 고안되었다.
물 펌프나 오일펌프도 실제 필요로 하는 유량만으로 작동할 수 있다면 그 이외의 영역에서의 구동으로 인한 손실을 피하면서 연비의 향상에 기여할 수 있다. BMW의 제3실린더 엔진은 그 방향성을 명확하게 제시한 최초의 예이다.

② 기계식 물 펌프의 효율 개선

고효율 압축기와 메커니컬 실의 개발

▶ 고효율, 고성능 물 펌프 임펠러

연비의 향상을 위해서는 엔진 및 기타 냉각에 필요한 유량을 확보하는 것 외에도 물 펌프 구동을 위해 사용하는 힘을 가능한 한 저감시키는 것이다. 한편, 차량의 엔진 탑재 공간의 간소화, 경량화 등은 물론이고 정해진 공간 안으로의 탑재성 요구도 강해지는 경향이 있다.

여기에서 중요한 것이 임펠러의 날개 형태이다. 같은 회전수라면 더 많은 냉각수량을 공급할 수 있고, 냉각수량이 같다면 더 적은 힘으로 구동할 수 있는 임펠러가 요구된다.

이전의 임펠러는 프레스 성형으로 만든 단순한 곡선 형태의 임펠러가 대부분이었으나, AISIN 정기는 수지제품의 날개가 많은 형식의 고성능 임펠러로 변환을 진행하고 있다. 019페이지의 왼쪽 사진이 그 예로서 이미 대량 생산화된 제품이다. 언뜻 보는 것만으로는 터보차저(turbocharger)의 압축기 휠(impeller)과 구분이 되지 않는다.

원심식 펌프의 효율을 추구하면 대상이 기체는 물론이고 액체도 날개형태는 같은 것을 목표로 하게 된다. 이 제품의 경우 재질은 고성능 엔지니어링 플라스틱의 일종인 PPS(폴리페닐렌 설파이드 : polypropylene sulfide)를 사용한다. 이것은 내열성이 탁월하며 인장과 휨에 강한 것이 특징이다.

임펠러의 수지화는 날개 형태의 복잡화 이외에도 냉각수의 종류에 상관없이 부식에 의한 문제점을 미연에 방지할 수 있는 장점이 있다. 반대로 수지만의 제약도 있다. 수지 임펠러를 금속제의 축에 고정하면 부싱 인서트 등이 필요하게 된다.

하지만, 축의 직경은 구동 토크에 대해 일정하지만 부싱의 직경만큼은 임펠러 직경이 깎이기 때문에 특히 직경이 작은 임펠러에서는 실행하기가 어렵다. 그 때문에 수지 임펠러로의 변환은 비교적 큰 용량이 중심이 된다.

이전의 임펠러

풀리 쪽

이전의 임펠러는 금속판을 프레스 성형한 것으로 간단한 형태가 대부분이었다. 냉각수량은 기본적으로 임펠러의 회전에 의존하며, 그다지 까다로운 성능이 요구되지 않았기 때문에 이러한 형태에도 특별한 문제는 없었다.

● **고효율 펌프 구동부**

사진 오른쪽은 고성능·고효율 물 펌프의 구동측을 나타낸 것이다. 중앙의 풀리 부분은 엔진의 출력축에서 벨트를 통하여 구동하는 일반적인 형식이다. 벨트의 수명에 영향을 주기 쉽기 때문에 그 점에도 주의를 기울이게 된다. 내구성은 엔진을 사용하는 중에 교환하지 않는 것을 전제로 설정한다.

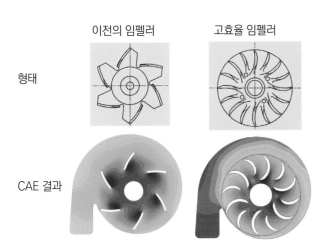

형태

이전의 임펠러 / 고효율 임펠러

CAE 결과

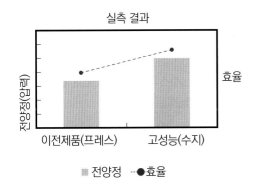

실측 결과

전양정(압력) / 효율

이전제품(프레스) / 고성능(수지)

■ 전양정 ●효율

이전 형식의 임펠러와 고성능·고효율 임펠러의 성능비교이다. 왼쪽의 CAE에 의한 압력 분포의 비교를 보면 송출 압력의 차이는 확연하다. 위의 실측한 결과에서도 양정(=압력)과 효율이 동시에 이전 형식을 크게 상회하는 것을 알 수 있다.

좌측: 이전제품 (알루미늄 세라믹 실/seal)
우측: SiC 세라믹 실

또 하나의 중요한 부품인 메커니컬 실(seal)도 다양한 냉각액의 종류에 대응하기 위해 이전의 알루미늄에서 SiC(실리콘 카바이드) 재질로 바꾸어 내퇴적성을 향상시켜 실의 내구성을 크게 높였다.

프리우스(Prius)용 전동 물 펌프

전동화로 벨트리스(beltless) 엔진 실현. 연비 향상에도 효과

현재는, 하이브리드 자동차와의 조합이기 때문에 장점이 있는 기기일 것이다. 하이브리드라면 100W를 넘는 전원의 공급에 대응하는 것이 그다지 어려운 것은 아니지만 이전의 차량에서는 어떨까? 전동 물 펌프를 사용하기 때문에 알터네이터의 용량을 증가시킨다는 것은 본말이 전도된 것이다. 익숙한 가격의 기계식 물 펌프와 비교해 보면 소비한 비용과 얻어지는 장점(연비 향상)의 균형에 따라 사용여부를 결정하게 된다.

AISIN 정기는 2000년경부터 전동 물 펌프의 개발에 착수하였다. 「연비의 향상을 철저히 하기 위해서는 벨트리스(beltless)화가 필수다」라는 생각을 갖는 3대 프리우스(Prius) 개발진의 요구에 따라 공동 개발로 진척되었다. 기계식 물 펌프를 단순하게 전동식 물 펌프로 바꾸면 큰 출력을 내는 거대한 펌프가 된다. 이렇게 해도 기계식 물 펌프의 냉각수량은 엔진의 회전수에 의존하게 된다. 회전수가 높아지면 냉각수량이 늘어나는 이치인데 엔진 측에 있어서 가장 냉각수량이 필요한 것은 저속 회전 고부하일 때(비탈을 오를 때 등)이다.

여기에서 최대의 냉각수량이 결정되므로 고속 회전 시의 냉각수량은 「남는 상태」가 된다. 엔진의 회전수에 관계없이 냉각수량을 임의로 제어할 수 있는 전동 물 펌프라면 남는 냉각수량을 생산하진 않는다. 따라서 최소한의 필요 냉각수량으로 해결하여 형식을 작게 할 수 있다.

냉각수 통로가 설치된 타이밍 체인 커버에 장착된 전동 물 펌프는 엔진의 풀리 크기와 모터의 외경이 일치할 수 있다. 설치하는 볼트를 동일하게 하여 부품의 공용화를 꾀하고 있다. 펌프, 모터 회로의 각 영역은 경량화·저비용화를 위한 아이디어가 가득하다. 회로의 기판은 세라믹을 사용하여(전류를 적게 하여 해결할 수 있는 것도 있고) 프린트 기판으로 바꿔놓았다. 또 프린트 기판의 냉각과 진동도 고려하고 있다.

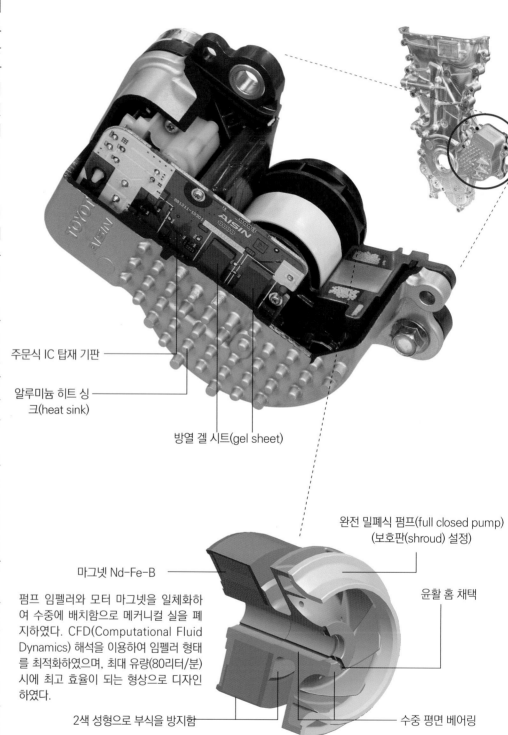

주문식 IC 탑재 기판

알루미늄 히트 싱크(heat sink)

방열 겔 시트(gel sheet)

완전 밀폐식 펌프(full closed pump)
(보호판(shroud) 설정)

마그넷 Nd-Fe-B

윤활 홈 채택

펌프 임펠러와 모터 마그넷을 일체화하여 수중에 배치함으로 메커니컬 실을 폐지하였다. CFD(Computational Fluid Dynamics) 해석을 이용하여 임펠러 형태를 최적화하였으며, 최대 유량(80리터/분) 시에 최고 효율이 되는 형상으로 디자인하였다.

2색 성형으로 부식을 방지함

수중 평면 베어링

프리우스(Prius)용 전동 물 펌프의 구조

구동방식: 전동 모터
로터 직경: φ52.5mm
날개 수: 8
토출 성능(85±3˚C 13.3V, 15A, 52kPa에서):
80리터/분

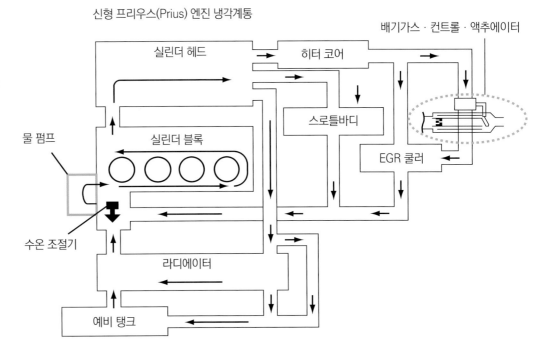

신형 프리우스(Prius) 엔진 냉각계통

물 펌프
수온 조절기
실린더 헤드
실린더 블록
히터 코어
배기가스 · 컨트롤 · 액추에이터
스로틀바디
EGR 쿨러
라디에이터
예비 탱크

이번에 개발한 엔진 냉각용 전동 물 펌프는 기존의 기계식과 비교하여 크게 두 가지 특징을 가지고 있다. 우선 동력원이 배터리가 되어 가동하고 싶은 순간에 펌프를 작동시킬 수 있기 때문에 엔진의 냉각을 보다 최적인 상태에 제어하는 것이 가능하다.

그리고 기존의 기계식은 엔진의 회전에 의해서 구동되지만 이 물 펌프는 배터리로 구동함으로써 엔진의 부하도 경감된다. 또한 엔진 주위의 구조도 간소하게 되어 차량 전체의 연비를 2% 정도 향상시키는 효과를 기대할 수 있다.

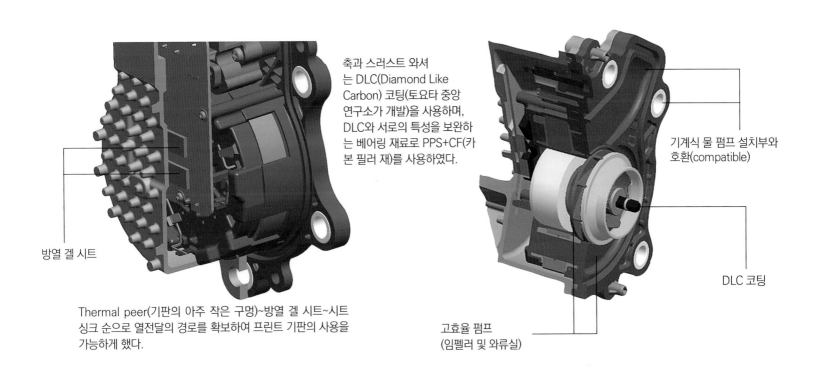

축과 스러스트 와셔는 DLC(Diamond Like Carbon) 코팅(토요타 중앙 연구소가 개발)을 사용하며, DLC와 서로의 특성을 보완하는 베어링 재료로 PPS+CF(카본 필러 재)를 사용하였다.

기계식 물 펌프 설치부와 호환(compatible)

DLC 코팅

방열 겔 시트

Thermal peer(기판의 아주 작은 구멍)~방열 겔 시트~시트 싱크 순으로 열전달의 경로를 확보하여 프린트 기판의 사용을 가능하게 했다.

고효율 펌프
(임펠러 및 와류실)

4 적용사례 토요타 프리우스(TOYOTA PRIUS)

2ZR-FE

2ZR-FE형 엔진은 CAROLLA Axio, FIELDER, AURIS 등에 탑재하였다. 물 펌프의 탑재 위치는 2ZR-FXE형과 같다.

— 알터네이터
— 기계식 물 펌프
— 에어컨 압축기

2ZR-FXE

냉각식 EGR —

보통의 가솔린 엔진은 보조 장치를 구동하는데 크랭크축의 구동력을 사용한다. 즉, 자동차를 주행하는 것 이외에도 에너지를 소비한다는 것이다. 토요타의 직렬 4기통 1800cc 엔진 「2ZR-FE형」을 예로 들어 보기로 한다. 알터네이터나 기계식 물 펌프, 에어컨 압축기는 벨트에 의해 구동된다.

한편, 유럽으로 눈을 돌려 보면 BMW가 2004년 공개한 직렬 4기통 엔진은 「냉각수도 필요할 때에 필요한 양 만큼만」이라는 생각에서 전동 물 펌프를 도입 하였다. 단, 알터네이터 이외의 보조 장치를 가동하기 위한 벨트는 남아있다.

전통적인 엔진의 정형을 무너뜨린 움직임도 계속 보이는데 비용과 효과를 비교해본 결과 2ZR-FE형과 같은 형태로 자리 잡은 것이 주류이다. 하지만, 하이브리드 자동차가 도입 되면서 사정은 바뀌고 있다.

우선, 알터네이터가 불필요하다. 12V계의 전원은 하이브리드용 배터리에서 조달한다. PCU(Power Control Unit)의 일부분을 점유한 DC-DC 컨버터에서 201.6V를 12V로 감압하면 된다. 에어컨 압축기는 필요에 의해 전동화 되었다.

아무튼 엔진은 상시 시동한다고만 할 수는 없다. 정차 중에 에어컨을 작동시키기 위해서 엔진 시동을 켜놓으면 에너지 낭비도 이만저만이 아니라 하이브리드 차량의 경우, 전동 에어컨 압축기는 필연적인 것이다.

마지막까지 남은 것이 물 펌프였다. 이를 전동화하여 벨트로 구동하는 보조 장치를 제거하여 완전한 벨트리스(Beltless)를 실현하였다. 엔진이 회전할 때도 크랭크축에서 무효한 에너지를 사용하지 않게 되어 효율 향상으로 이어졌다. 또한, 벨트 교환을 「고민」하던 골치 아픈 문제에서도 사용자를 해방시켰다.

수랭식 EGR 쿨러

EGR 파이프

EGR 밸브

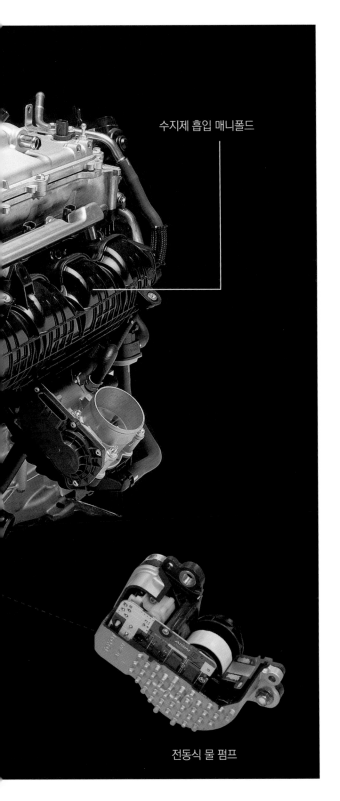

수지제 흡입 매니폴드

전동식 물 펌프

보조 장치를 벨트 구동에서 해방하여 효율 향상(=연비 향상)을 추구하며, 연소 효율 향상도 철저히 고려한 것이 특징이다. EGR(Exhaust-Gas Recirculation)로 가스 냉각 기능(수랭식)을 추가한 냉각식 EGR을 사용하여 펌프 손실과 냉각 손실을 저감하였다. 배기 온도의 저하를 위한 연료 증량이 불필요하며, 전영역에서 이론 공연비 운전을 실현하였다.

2ZR-FE형 엔진을 흡기 밸브의 늦게 닫힘과 고팽창에 비례하여 사이클화 한 것이 2ZR-FXE형 엔진이다. 냉각식 EGR을 사용함에 따라 압축비를 10.0:1에서 13.0:1로 높였다. 흡기 다기관은 수지 제품이며, 포트 길이의 최적화에 의한 성능 향상과 엔진의 재시동 시 회전속도의 급상승을 방지하는 것이 목적이다.

03

공기 흡입 장치

충전 효율을 높이기 위한 아이디어를 넣었다

① 일반적인 흡기 장치(Cross-flow type)

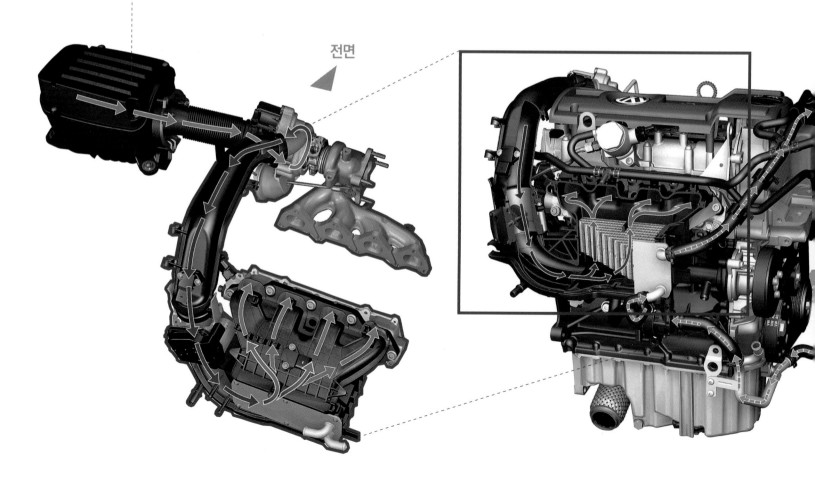

전면

전면

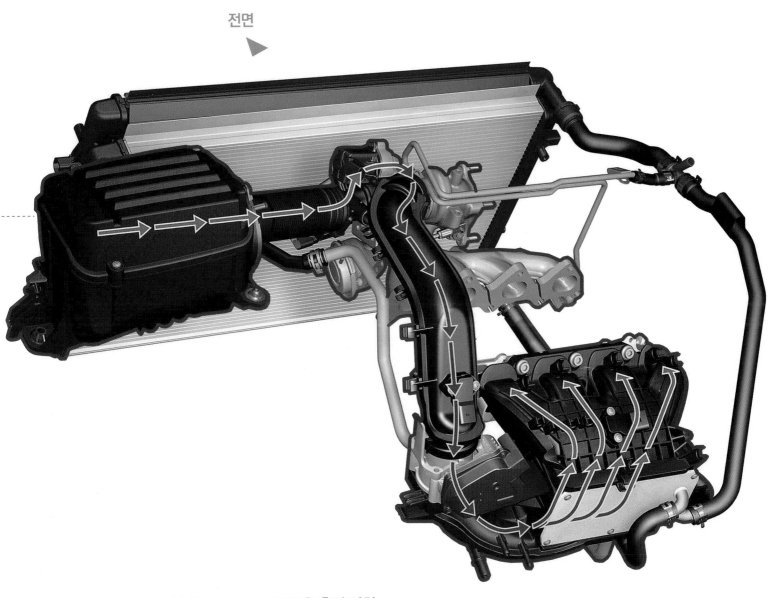

Volkswagen 1.4 TSI용 흡기 장치

흡기 장치만 착안하면 최근 구부러짐이 적은 단순한 배치의 대표적인 예라고 할 수 있다. 흡기와 배기를 반대쪽에 분류한 직교류 형식(Cross-flow type)이다. 충전 효율을 높이기 위해 터보차저를 이용하는데 터보차저는 흡기 압력을 높이기는 하지만 공기의 습도도 높아진다.

습도가 높아지면 공기의 밀도는 낮아지기 때문에 흡기 다기관에 설치한 수랭식 인터 쿨러(inter cooler/after cooler)로 냉각하는 방법을 채택하였다.

② 고성능 에어 필터 및 HC 흡착 필터

나노 PM의 여과. 하이드로 카본의 흡착

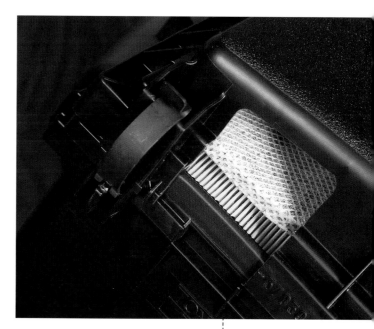

차체의 패키지 효율을 추구하는 흐름 중에서 에어 클리너의 케이스는 더욱 소형화 하면서 체적을 확보해야만 한다. 케이스의 플라스틱화는 형태 자유도가 높은 것을 이용하여 과제의 해결을 목적으로 채택하기 시작하였다.

고성능 에어 필터

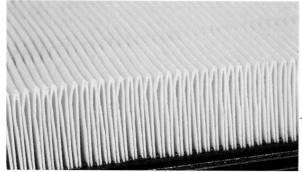

프리우스(Prius)용 에어 클리너

그림의 오른쪽이 흡입구, 왼쪽이 엔진 측이다. HC 흡착 필터는 에어 필터의 뒤쪽에 배치되어 있으며, 인젝터나 흡입 포트 내벽의 연료 증기를 확실히 흡착한다. 엔진을 재시동하면 부압(진공)에 의해 흡기관의 흡입 포트 쪽으로 되돌아간다.

고성능 형식

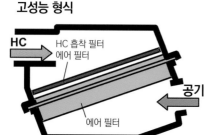

한층 더한 집진 성능의 향상과 긴 수명을 동시에 성립시키기 위해 여과재부터 자사에서 개발을 시행하고 있다. 덧붙여, 부품 시장용으로 유통하고 있는 에어 필터의 성능은 같은 회사 기준으로 보면 매우 레벨이 낮고 「다소 괜찮은 것도 있다」라는 정도라고 한다.

프리우스(Prius)에 탑재한 2ZRFXE형 엔진용 에어 클리너의 내부 구조이다. 위쪽의 흰 부분이 정차하고 있는 경우 연료 증기의 누출을 방지하는 HC(Hydrocarbon) 흡착 필터이다. 이 모델에서는 흐름 통로 상의 부품에 직접 붙여서 비용의 절감을 꾀하고 있다. 아래의 황색 부분이 넓은 면적·고집진 형식의 에어 필터이다.

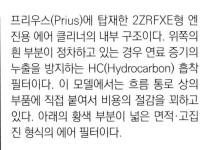

특히 콤팩트 이하의 등급에서는 에어 클리너 케이스를 가능한 한 작게 하려고 한다. 사진의 1KR-FE형 엔진은 헤드 커버 내부에 에어 클리너 기능을 내장하여 패키지 효율의 향상에 기여하고 있다. 흡입 경로는 2층 구조로 왼쪽에서 흡입하며, 위 사진의 오른쪽에 보이는 흰 에어 필터 부분을 아래에서부터 통과한다.

대기 중에는 눈으로 볼 수 없는 미세한 부유물이 다수 존재한다. 에어 클리너는 엔진의 공기 흡입 경로의 앞쪽에 위치하여 흡기 중에 포함된 다양한 물질을 필터로 걸러내어 엔진 내부로의 침입을 막고 깨끗한 상태의 유지와 연소의 안정에 기여하는 부품이다.

현재 필터가 걸러내는 대상은 토양과 회분 및 포자(직경 약 10~40미크론 정도) 또는 먼지(면 먼지 30미크론, 집 먼지 15미크론 정도)는 말할 것도 없이 요즈음에는 나노사이즈 PM 등의 SPM(Suspended Particulate Matter : 부유 입자상 물질. 입자상 물질 중 10미크론 이하인 것 : 디젤 배기 입자[검댕/Soot으로 0.1~수 미크론 정도])도 목표로 하고 있다.

이것들을 확실히 걸러내기 위해 여과에 이용하는 섬유의 미세화를 진행시키지 않을 수 없는데 거기에다 흡기 저항을 증가시키지 않기 위해 필터의 면적은 가능한 한 넓게 확보하여야 한다. 한편으로는, 엔진룸 안에서 에어 클리너 케이스가 점유하는 공간이 적을수록 좋다…라는 모순적인 조건 하에서 좋은 효율로 집진할 수 있는 여과와 구조의 연구가 거듭되고 있다.

또한, 시장에서의 실제 취급되는 것에도 유의할 필요가 있다. 예를 들자면, 교환한 필터는 그대로 가연 쓰레기로 내놓도록 금속제 부품을 사용하지 않고 강성을 확보하고 여과도 더욱 환경 부하가 적은 펄프 등으로 바꾼다는 시도가 시작되었다. 잘 알려지지는 않았지만, 흡기 장치에는 또 하나의 필터가 있다.

연료 증기(HC : 하이드로 카본) 성분을 흡착하는 필터이다. 정차 중 차량의 연료 탱크나 공급장치에서 연료 증기로써 배출되는 HC량에 대해 세계적으로 규제가 강화되는 방향으로 나아가고 있어서 미국에서는 종전의 1/4 이하까지 강화하였다. 이 레벨이 되면 흡기 포트나 인젝터에 남는 연료조차 무시할 수 없다.

그래서 에어 클리너 케이스 안의 흡착제(활성탄)를 배치하여 차량 밖으로의 방출을 방지한다. 흡착한 HC는 엔진을 시동하면 부압에 의해 흡기 장치로 돌아간다.

HC 흡착필터

연료 증기 중에 포함된 HC를 확실히 흡착하는 것 외에 엔진 시동 시에 가능한 한 재방출을 위해 활성도의 크기나 표면 형태 등이 주요 요소가 된다. 그래도 15% 정도는 남아 있기 때문에 그 분량을 감안하여 실행한다.

③ 가변 흡기 장치(2단 방식)

Mercedes Benz-M112용 흡기관 길이 가변형 흡기 매니폴드

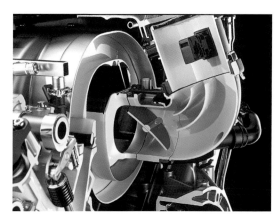

메르세데스 벤츠 6기통 엔진의 V뱅크 사이에 위치한 서지 탱크(collector)에서 흡기 포트에 이르는 경로의 도중에 플랩을 배치하였다. 이 플랩을 개폐하는 것으로 흡기관의 길이를 길게 또는 짧게 하는 2단계로 바꾸는 형식이다. 연속적인 가변이 아닌 단순한 2단 형식 가변의 예.

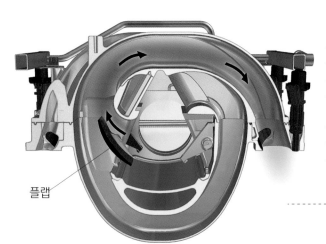

플랩

흡기관의 길이와 단면적이 일정하면 관성·맥동 효과의 최댓값에서 엔진의 회전수를 결정하게 된다. 그래서 엔진의 회전수에 대하여 흡기관의 길이를 변경하여 충전 효율이 높은 영역의 범위를 넓이는 방법을 고안 하였다. 중앙 왼쪽의 플랩(flap)이 열릴 때는 흡기관의 길이가 짧아지는 구조이다.

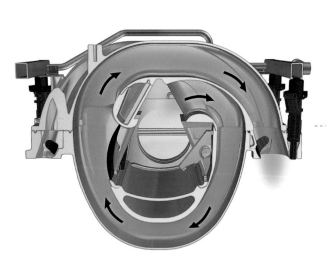

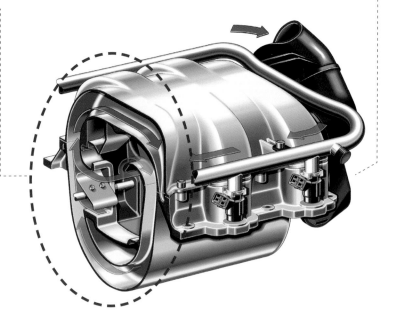

플랩을 닫은 상태. 흡입 공기가 긴 거리를 빠져나와 흡기 포트에 다다른다. 즉, 저속회전의 영역에서 사용한다. 엔진의 회전수가 정해진 수치에 도달하면 플랩이 닫혀서 흡기관의 길이가 길어진다.

④ 통기 저항의 개선

고속 회전할 때의 효율을 중시한 시빅 형식(Civic Type). R이 짧은 흡기 매니폴드(같은 길이)와
임프레자(Impreza) STI EJ20형의 흡기 포트. 흡기관의 내경과 길이의 최적화를 꾀한 것 외에
그 형태는 통기 저항을 저감하는 것이라고 여겨진다.

혼다의 예
단관 같은 길이 흡기 매니폴드

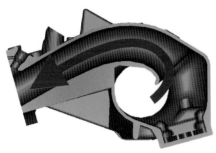

인테그라 형식 R(DC5)

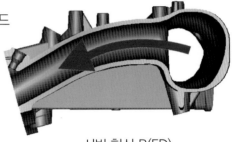

시빅 형식 R(FD)

신형

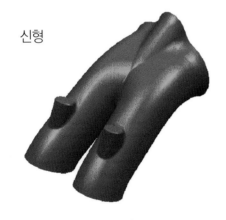

스바루의 예
EJ20용 흡기 포트

구형

공기 흡입 계통의 기본 기능은 ① 깨끗한 공기를 실린더 내로 유도하는 것 ② 소음을 제거하는 것 ③ 가능한 한 많은 공기를 실린더 안으로 유도하는 것 등을 들 수 있다.

그 중에서 ③의 「충전 효율을 높이는 것」에 착안하여 기능을 정리해 보기로 한다. 우선 흡기관의 구부러짐을 적게 하는 것, 내면을 매끄럽게 하는 것에 의해 통기 저항을 저감하는 방법이 있다. 이것을 정적 효과로 분류 한다면 동적 효과도 있다.

흡기관 내의 압력의 변동을 이용하는 방법으로 「관성 과급 효과」와 「맥동 효과」가 있다. 공기는 같은 빠르기로 흘러가려고 하므로(=관성) 밸브가 닫힌 순간에 흡기관 내의 공기는 그대로 흘러가려고 하며, 밸브의 바로 앞은 압력이 높은 상태가 된다.

그 타이밍에 밸브를 열면 밀도가 높은 공기가 엄청난 속도로 실린더 내로 흘러 들어간다. 이것이 관성 과급 효과이다. 한편, 밸브의 개폐가 만들어 낸 공기의 조밀파를 이용하는 것이 맥동 효과이다. 맥동의 주기는 엔진의 회전이 낮은 때는 길고, 높을 때는 짧다. 엔진의 회전수에 맞추어 흡기관을 최적의 길이로 조절하는 것이 가변 흡기 계통이다.

⑤ 로터리 밸브식 가변 흡기 매니폴드

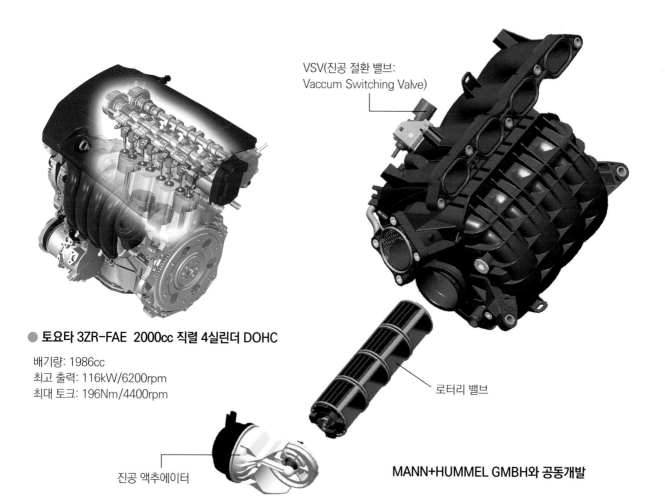

VSV(진공 절환 밸브: Vaccum Switching Valve)

● 토요타 3ZR-FAE 2000cc 직렬 4실린더 DOHC

배기량: 1986cc
최고 출력: 116kW/6200rpm
최대 토크: 196Nm/4400rpm

로터리 밸브

진공 액추에이터

MANN+HUMMEL GMBH와 공동개발

흡기 계통을 플라스틱화한 예를 또 하나 들어 보기로 한다. AISIN 정기가 독일 MANN+Hummel사와 공동 개발한 로터리 밸브식 가변 흡기 매니폴드는 흡기관의 길이를 가변시키기 위해 로터리 밸브를 내장한 흡기 매니폴드이다.

MANN+Hummel사는 플라스틱 흡기 계통의 부품을 전용으로 제작하는 메이커로 유럽에서는 이 분야에서 톱클래스의 점유율을 갖고 있다. 플라스틱화의 주목적은 역시 경량화이지만 성형의 자유도가 높은 것과 제조 공정에서 기계 가공이 필요 없는 것에 따른 비용의 저감 등도 큰 장점이라고 한다.

로터리 밸브 기구는 특히 복잡하지는 않다. 스크롤 형상의 매니폴드 내부에 길고 짧은 2계통의 흡기 통로를 만들고 짧은 통로의 입구에 배치한 로터리 밸브는 초기 상태에서 짧은 통로를 닫아 엔진이 저속~중속의 회전 영역에서는 흡입 공기가 긴 통로로만 흐른다. 엔진의 회전수가 높아지면 로터리 밸브가 회전하여 짧은 통로를 열기 때문에 흡입 공기는 길고 짧은 양쪽의 통로를 통해서 흡입된다. 회전 영역마다 흡기의 공명 주파수를 최적화하여 체적 효율을 향상시킨다.

로터리 밸브는 진공에 의해 구동되며, 진공 액추에이터에는 로터리 밸브의 초기 위치(닫힘) 상태를 유지하는 스프링을 갖추고 있다. 엔진의 회전수가 설정 값이 되면 진공 스위칭 밸브를 작동시켜 스프링 장력보다 큰 진공을 액추에이터로 보내서 밸브를 회전시킨다.

진공으로 작동한다면 버터플라이 밸브의 구조가 간단한 것 같지만 밸브가 통로 상에 배치되는 것에 의해 발생하는 저항과 손실 때문에 로터리 밸브를 채택하였다. 밸브의 개폐에는 어느 정도의 시간이 요구되지만 그것이 특별히 문제가 되지는 않는다.

직렬 4기통 엔진의 흡기 계통은 서지 탱크와 서지 탱크보다 좀 더 상류 지점 2곳에 열림의 한계 값을 갖는다. 상류는 일반적으로 상한 3000rpm 정도까지, 서지 탱크측은 하한 5000rpm 정도까지로 매칭 되는 공명 주파수이므로 그 사이에 토크의 간격이 생기기 마련이다. 이러한 기구의 주된 목적은 또 하나 다른 길이의 포트에 의해 토크 간격을 메우는 것으로 엄격한 작동은 요구되지 않는다.

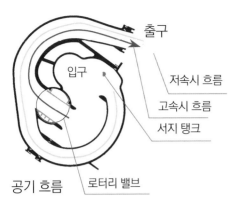

서지 탱크의 외주를 따르듯 배치된 긴 흐름의 통로와 입구 쪽에 바로 위치한 짧은 흐름의 통로로 구성되어 있다. 로터리 밸브의 작동에 의해 공명 주파수를 변화시킨다.

플라스틱의 가변 흡기 매니폴드 안에 플라스틱 로터리 밸브를 배치한 것으로 동작의 확실성, 내구성, 밀폐성 등 성능의 요건을 모두 만족시키는 것이 어려웠다고 한다.

AISIN com-center에 전시되어 있는 실물의 단면 모델이다. 처음 채택한 것은 2006년 모델 전체를 바꾼 NOAH/VOXY용 3ZR-FAE 엔진이다.

밸브가 열려 짧은 통로가 유효해진 상태이다. 두 개의 열림 한계 값의 차이에 의해 발생된 토크의 간격을 메운다.

밸브가 닫힌 상태. 밸브 부분의 보강재는 중량, 강성, 음향 특성 등을 개선하는 목적으로 설치되었다.

유량 비교(CFD 해석 결과)

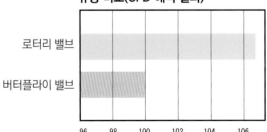

| | 96 | 98 | 100 | 102 | 104 | 106 |

로터리 밸브 / 버터플라이 밸브

같은 흡기관 길이의 가변 기구를 버터플라이식 밸브로 구성한 경우의 성능을 시뮬레이션으로 검토하였다. 버터플라이식은 통로 상에 밸브 기구가 배치되어 있기 때문에 흐름 저항이 증가하며, 압력의 손실이 증가한다. 버터플라이식 밸브에 비해 로터리식 밸브는 체적 효율에서 6% 유리한 결과가 도출되었다. 가변 기구가 없는 경우와의 비교에서는 약 10% 정도 향상되었다.

로터리 밸브

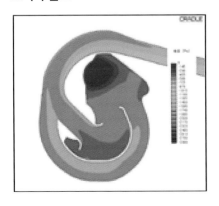

버터플라이 밸브

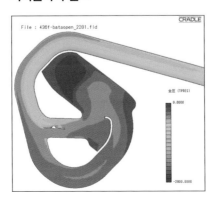

⑥ Legacy 2500cc 수평 대향형 4기통 SOHC용 흡기 매니폴드

알루미늄에서 플라스틱으로 재료를 변경하여-60% 경량화

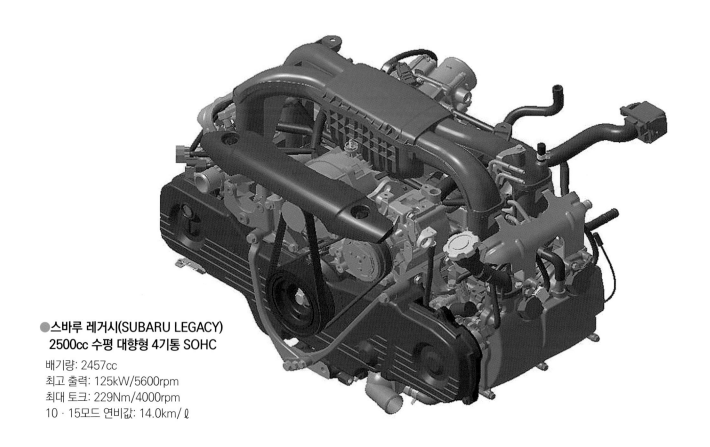

●스바루 레거시(SUBARU LEGACY)
2500cc 수평 대향형 4기통 SOHC

배기량: 2457cc
최고 출력: 125kW/5600rpm
최대 토크: 229Nm/4000rpm
10 · 15모드 연비값: 14.0km/ℓ

충돌 안전 성능 등 각종 규제의 강화에 대응하기 위해 차량은 최근 10년 사이에 대체적으로 커지고 무거워졌다. 차세대를 상대로 달성해야 하는 기술적인 과제 중 경량화는 가장 먼저 해결해야 할 과제라고 해도 과언이 아니다. 엔진 분야에서도 다양한 부분에서 경량화를 위한 노력이 더해지고 있다.

흡기 매니폴드의 경량화도 그 일환으로 유럽의 제작사에서는 1980년대 말부터 경량화가 진행되어 왔다. 흡기 매니폴드 플라스틱화의 장점은 경량화만이 아니다. 우선 성형의 자유도가 높다. 패키지 효율의 추구에 의하여 엔진 룸 안의 배치를 빽빽하게 하는 형태가 증가되고 있다.

더욱이 요즘에는 보행자의 보호를 위한 보닛(bonnet) 아래의 공간 확보도 요구되고 있다. 제한된 공간에서 충분한 흡기의 성능을 확보하기 위하여 흡기 매니폴드는 조금씩 안으로 들어온 모양을 하는 경우가 적지 않다. 오늘날 기술을 갖고 있다면 금속의 재질에 의해

서도 꽤 복잡한 모양의 성형이 가능하지만 공정 중에 손실되는 재료가 중심이 되면 비용이 증가되기 마련이다. 그 점에서는 플라스틱 제품이 단연 우위인데다가 컨트롤도 용이하다.

또한, 일반적으로 플라스틱은 금속에 비해 단열 효과가 높고, 흡기 온도를 낮게 유지하기 쉬운 장점도 있다. 이 페이지에서 소개하는 것은 2009년 5월에 모델 전체를 바꾼 제5대 레거시가 채택한 플라스틱 제품의 흡기 매니폴드이다. 토요타 방직이 공급하고 있는 것은 자연 흡기 엔진용으로 이전의 금속 제품에 비하여 60%의 중량 경감을 달성하고 있다.

흡기 매니폴드의 형상과 내경은 물론, 체적 효율을 높이기 위한 패널도 각 실린더마다 최적화한 것을 갖췄지만 그것을 포함하여도 기본의 구성은 단 4개의 사출 성형 부품뿐이다. 이렇게 되면 이제 금속 제품의 흡기 매니폴드를 채택하는 이유를 찾는 것이 어렵다고 생각이 된다.

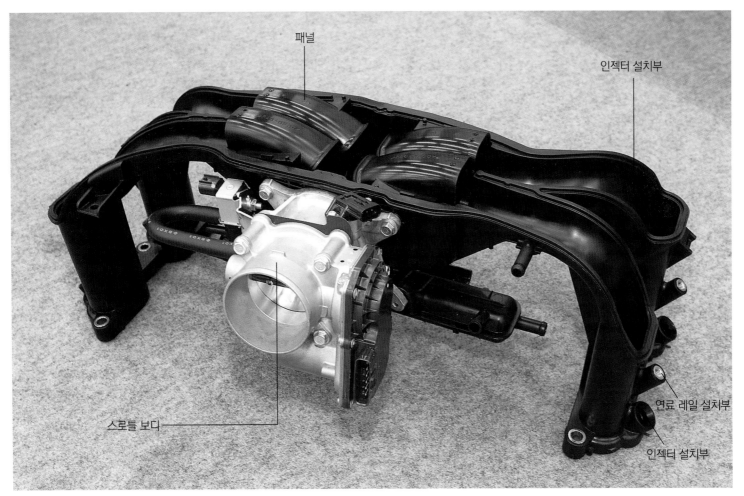

패널

인젝터 설치부

스로틀 보디

연료 레일 설치부

인젝터 설치부

사진은 위쪽의 메인 파트를 분해하여 내부 구조가 나타나도록 한 상태이다. 바로 앞쪽이 차량에 탑재할 때 후방이 된다. 패널부는 최적의 체적 효율이 되도록 서지탱크의 위치를 실린더마다 미묘하게 옮겨서 배치하고 있다.

최종 조립 상태의 단면 모델. 소재는 6나일론계(폴리아미드)로 유리섬유를 함유하여 강도를 높였다. 토요타 방직이 처음 플라스틱 제품의 흡기 매니폴드를 직접 다룬 것은 2000년 카로라(Corolla)용이다. 현재는 각 회사로 월 생산 10만대 분을 공급하고 있다.

인젝터 등 설치용 너트 등을 제외하면 구성 부품은 불과 4개이다. 패널을 끼워 넣고 메인 파트의 상하를 진동 용착시킨다. 내부의 리브(rib)는 소음·진동의 요건을 해결하기 위해 최적화된 구조를 갖는다.

서지 탱크에서 패널까지의 구조. CFD에 의해 흡기의 효율과 소음·진동을 최적화한 후 가능한 한 얇게 하여 요소에 리브(rib)를 배치함으로써 강성을 확보한다.

가변 밸브 타이밍 & 양정 시스템 / 논스로틀링(Non-throttling)
캠 기구를 사용하지 않고 연속으로 밸브 양정과 밸브 열림각의 가변을
실현한 최신 논스로틀(Non-throttle) 엔진인
「멀티 에어(Multi-Air)」란 어떤 장치인가?

① FIAT / SHAEFLLER | UNI AIR SYSTEM

최신 논스로틀링(Non-throttling) 기구

흡기 측의 포트에서 실린더 헤드까지 진전(進展). 흡기 측에 캠 축이 존재하지 않고 유압 구동의 브레이크&래시 어저스터(Lash Adjuster) 기구에 의해서 일목요연하게 작용된다. 다만 밸브가 닫 힌 상태를 유지하기 위해 기존과 같이 금속 스프링을 사용하고 있 다. 고압 체임버로부터의 유압 경로는 실린더 헤드 내부에 설치되어 있다. 헤드 내에 붉게 표시된 선 부분이 유압 경로이다.

고압 체임버 & 논스로틀링 　유압 브레이크(hydraulic brake) & 래시 어저스터 　오일 리저버 　롤러 핑거 팔로워(Roller finger follower) 　캠샤프트

인젝터 　흡기 포트 　흡기 밸브 　배기 밸브

유럽에서 2009년 6월에 발표되었고 9월부터는 무과급 모델(105HP)과 2종류의 터보 과급 모델(135HP과 170HP)이 알파로메오 MITO에 탑재되어 판매되고 있다. 사진은 과급 모델의 배기측 실린더 헤드 모습.

새로운 논스로틀 엔진이 등장하였다. 바로 피아트의 「멀티 에어」시스템이다. 요동 캠에 의한 로스트 모션(lost motion) 기구 이외에 연속 가변 밸브 양정&밸브 열림각 기구를 최초로 실용화한 것이다.

공동개발을 담당한 세플러는 이 시스템을 「유니에어(Uni-air)」로 부르고 있으며, 이번에 취재한 곳은 세플러이기 때문에 이 글에서는 「유니에어」를 사용하겠다. 이것은 흡기측 밸브 구동에 캠축을 사용하지 않고 유압식 액추에이터를 사용하여 밸브의 양정과 개폐시기를

조절할 때 연속 가변 제어를 가능하게 한 기구이다.

특히 구성이 독특하다. 배기 측에는 일반적인 밸브 구동용 캠축(회전 캠)이 배치되어 있어 배기 밸브를 직접 구동하지만 동일 캠축에는 흡기측 밸브 구동용 캠도 기통 수만큼 갖추어져 있다.

이 캠은 회전 작용에 의해 롤러 로커 팔로워(roller rocker follower)를 매개로 연동되는 흡기측 오일 리저버에 작용한다. 이로 인해 리저버에서 연소 1회분의 오일이 고압 체임버로 송출되며 오일 양은 항상

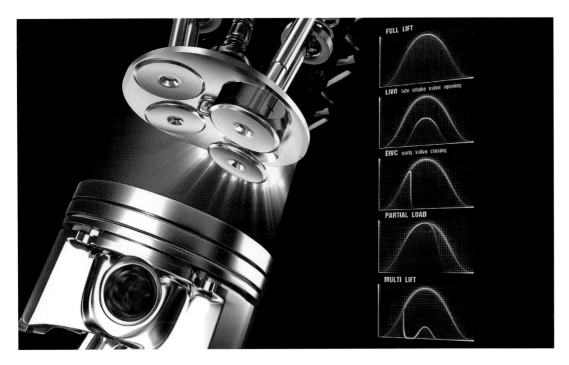

흡기 밸브를 자유롭게 제어한다.

위 그림은 피아트가 시범용으로 사용하고 있는 시스템이다. 주목해야 할 것은 우측의 밸브 양정&열림각의 패턴을 설명하는 그래프이다. 가장 위쪽이 최대 양정 · 최대 열림각 상태로 이것은 시스템의 구조상 작동이 가능한 상한값 설정을 나타낸다.

위에서 2번째는 흡기 밸브를 늦게 열고 빨리 닫을 뿐만 아니라 밸브의 양정이 제한된 상태를 나타낸다. 최대 양정 · 최대 열림 상태를 그대로 축소한 것 같은 모습이다. 3번째는 흡기 밸브를 빨리 닫는 것으로 밀러 사이클(miller cycle) 상태를 나타낸다. 4번째는 부분부하로 나타나 있다.

부하가 크지 않은 상태에서 정상 운용하고 있을 때 흡기 밸브를 약간 빨리 닫고 밸브의 오버랩 시간을 제로로 설정함으로써 펌프 손실을 경감시키려는 목적이 있다고 추측할 수 있다. 가장 아래 그래프는 「멀티 리프트」상태를 나타낸다.

일단 열린 밸브를 바로 닫고 기본 양정 최대값 부근의 열림각에서 다시 짧은 시간 동안 열어 두는 상태이다. 놀랄 만큼 자유롭게 설정할 수 있다는 것을 이해할 수 있을 것이다. 심지어 기계적으로는 연소할 때마다 패턴을 바꿀 수도 있으며, 앞으로 디젤 엔진에 응용하는 것도 시간문제이다.

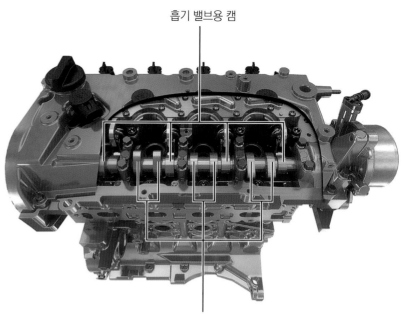

흡기 밸브용 캠

배기 밸브용 캠

로커 암   고압 체임버

솔레노이드 밸브

흡기측 헤드 주변 단면 모델. 오렌지색으로 칠해져 있는 부분이 오일 리저버에서 고압 체임버, 그리고 래시 어저스터로의 오일 경로이다. 체임버 자체는 헤드 안에 설치되어 있다는 것을 알 수 있다. 인접한 솔레노이드 밸브의 구조 그리고 래시 어저스터 자체의 구조도 확인할 수 있다.

롤러 로커 팔로워의 동작 범위는 3mm 정도이지만 레버의 비율이 있기 때문에 실제로는 그것의 1.5배 정도의 크기로 리저버 통로가 열리고 작동 오일을 저장한다.

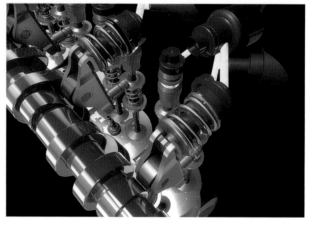

롤러 로커 팔로워와 오일 리저버 탱크 주변의 모습. 페일 세이프(fale-safe)를 위해, 어떤 요인으로 인해 래시 어저스터로의 유압이 차단되었을 경우 밸브가 닫히는 상태가 유지되는 구조로 되어 있다.

일정하다. 고압 체임버 내부에는 솔레노이드 밸브가 설치되어 있다. 이 솔레노이드 밸브가 열리면 유압이 하이드로릭 브레이크&래시 어저스터로 전달되어 밸브 스템을 누르는 방향으로 작용하여 밸브가 열리게 된다. 고압 체임버의 밸브는 전자제어이기 때문에 개폐시기나 양정도 자유롭게 설정할 수 있다. 즉 흡기 밸브의 작동을 자유롭게 제어할 수 있는 것이다.

캠축의 회전(크랭크 회전)과 별도로 밸브를 구동을 하려는 시도는 아주 예전부터 수없이 이루어져 왔다. 그러나 그렇게 하기 위해서는 어떤 식으로든 에너지원을 갖추어야 했고 그것은 자칫하면 불필요한 연료소비를 초래하게 된다는 점이 난관이었다.

예를 들어 전자(電磁) 밸브를 사용한 강제 개폐 시스템 등을 실험하기도 했지만 흡배기 밸브가 하는 일을 모두 전자 밸브로 바꾸게 되면 막대한 전력을 소비하게 되는 것이다. 유니에어가 전자 유압식 기구가 된 이유도 거기에 있다. 엔진에는 유압 시스템이 반드시 필요하기 때문이다.

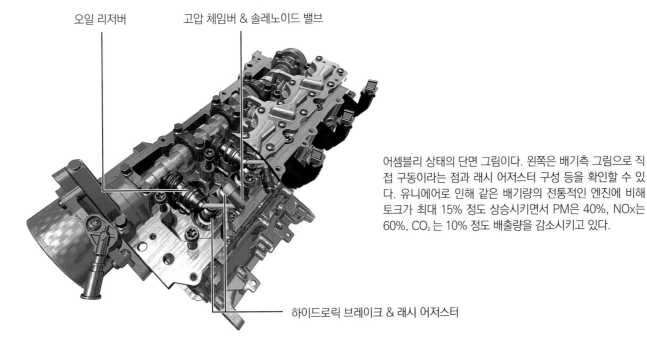

오일 리저버　고압 체임버 & 솔레노이드 밸브

하이드로릭 브레이크 & 래시 어저스터

어셈블리 상태의 단면 그림이다. 왼쪽은 배기측 그림으로 직접 구동이라는 점과 래시 어저스터 구성 등을 확인할 수 있다. 유니에어로 인해 같은 배기량의 전통적인 엔진에 비해 토크가 최대 15% 정도 상승시키면서 PM은 40%, NOx는 60%, CO_2 는 10% 정도 배출량을 감소시키고 있다.

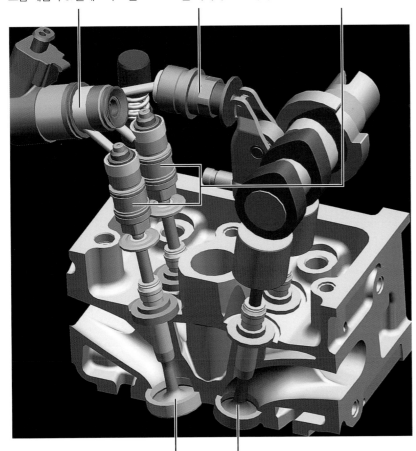

고압 체임버 & 솔레노이드 밸브　오일 리저버　하이드로릭 브레이크 & 래시 어저스터

흡기 밸브　배기 밸브

다른 각도에서 본 시스템의 구성도. 연속된 기구 동작의 더 상세한 작동을 확인하고 싶을 경우는 유투브(YouTube)에서 「Fiat Multiair Technology」를 검색하면 데모 동영상을 볼 수 있다.

직접적인 동력은 크랭크축의 회전에 의존하지만 구동은 배기 측으로만 하기 때문에 그런 점도 에너지 손실의 저감으로 이어진다. 최대 특징은 기계적인 제약으로부터 해방된 시스템이라는 점이다. 기존의 캠 위상 전환 방식은 캠이 갖고 있는 리프트 커브 범위에서만 연속 가변이 가능했지만 유니에어는 밸브의 양정이나 개폐시기도 설정이 가능하다.

이 자유로운 설정으로 인해 펌프 손실의 저감 효과가 커지고 공연비 설정이 가능해진다. 시스템을 구성하는 기계요소가 캠, 로커 팔로워, 유압계 등 "조금 오래된" 기술인 것도 핵심이다. 신뢰성, 내구성에 관한 근본적인 문제는 생기기 어려울 것이다.

과제는 제조공정이다. 특히 흡기측 헤드는 주조 단계에서 코어(core)를 넣어 성형하는 부분과 성형 후에 기계 가공하는 부분이 있으며, 공정수 증가가 원가에 영향을 미친다고 한다.

② 논스로틀링(non-throttling)

비상식을 상식으로 바꾼 테크놀로지

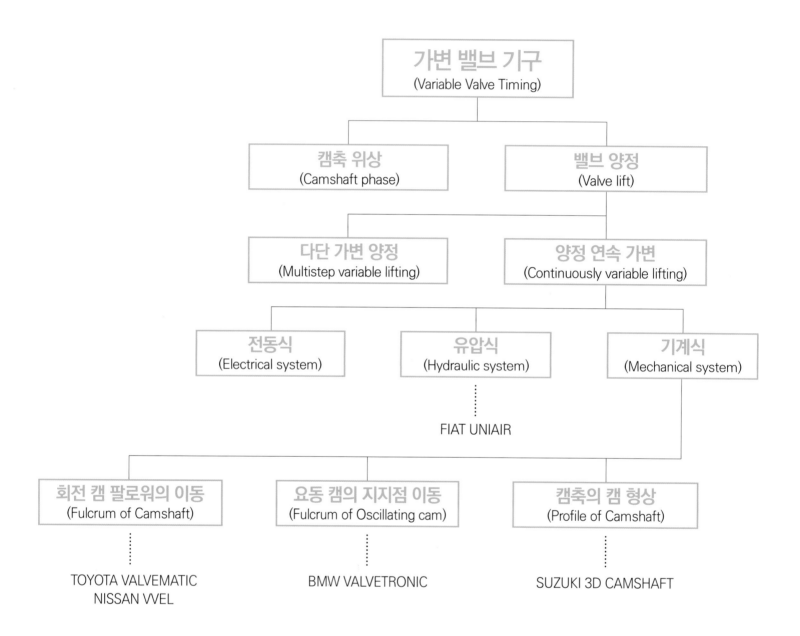

실린더로 혼합기를 공급하는 것은 흡기 밸브에 의해 이루어진다. 이 상적인 작동은 저속회전에서 흡기가 끝나면 압축행정에서 역류가 일어나지 않도록 밸브를 순식간에 닫는 것이다. 반면에 고속회전에 서는 유입 속도도 빠르고 기체 자체의 질량에 의한 관성도 작용하 기 때문에 밸브는 가능한 한 오래 열려 있는 것이 이상적이다.

그러기 위해서는 밸브 작동을 제어하는 캠축에 운전조건 별로 변 화가 요구된다. 여기서 소개할 가변 밸브 기구를 갖춘 시스템은 상 당히 미세한 밸브 컨트롤을 가능하게 함으로써 흡기 다기관 위쪽의 스로틀 밸브를 없애는데 성공하였다.

논스로틀링 구조를 갖춤으로써 흡기 다기관의 내부가 대기압과 같 아지기 때문에 펌핑 손실이 감소하여 연비가 향상되었다. 심지어 급 가속을 할 때 서지탱크 내의 압력을 높일 필요가 없기 때문에 응답 지연도 감소하였다.

▶ BMW | VALVETRONIC II

2001년 제1세대에서 더욱 진화, 타협을 배제하다

불가능하다고 여겨졌던 연속 가변 기구를 2001년에 실현한 BMW. 이 제1세대 제품은 로스트 모션(lost motion)을 생성하기 위한 요동 캠 지지점의 이동이 로커암의 롤러 센터를 중심으로 하는 원호와 겹치지 않기 때문에 작은 양정의 영역에서 유로 저항이 생기는 구조였다.
2004년의 제2세대에서는 이런 단점을 없애기 위해 요동 캠 지지점의 작동과 롤러 중심의 원호를 일치시키고 회전 캠과 요동 캠의 형상도 같이 최적화함으로써 펌핑 손실의 저감과 기통간 양정의 오차를 없애는데 성공하였다.

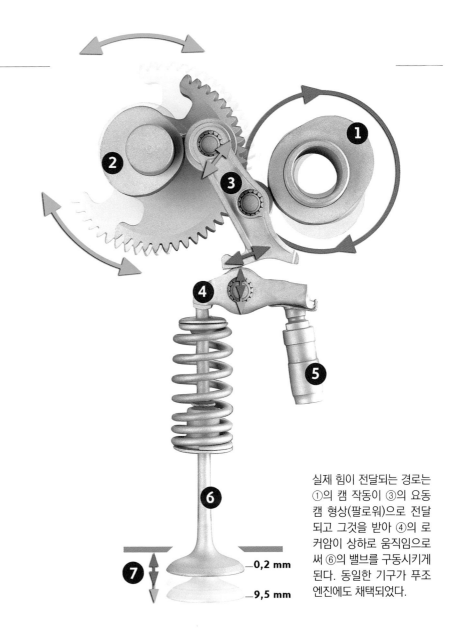

실제 힘이 전달되는 경로는 ①의 캠 작동이 ③의 요동 캠 형상(팔로워)으로 전달되고 그것을 받아 ④의 로커암이 상하로 움직임으로써 ⑥의 밸브를 구동시키게 된다. 동일한 기구가 푸조 엔진에도 채택되었다.

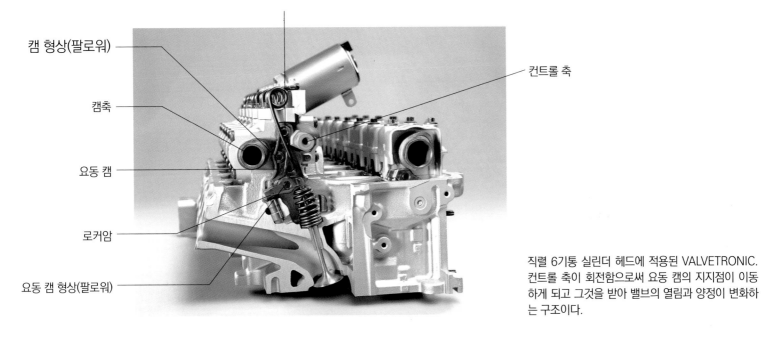

직렬 6기통 실린더 헤드에 적용된 VALVETRONIC. 컨트롤 축이 회전함으로써 요동 캠의 지지점이 이동하게 되고 그것을 받아 밸브의 열림과 양정이 변화하는 구조이다.

복잡한 동작을 실현한 가변기구

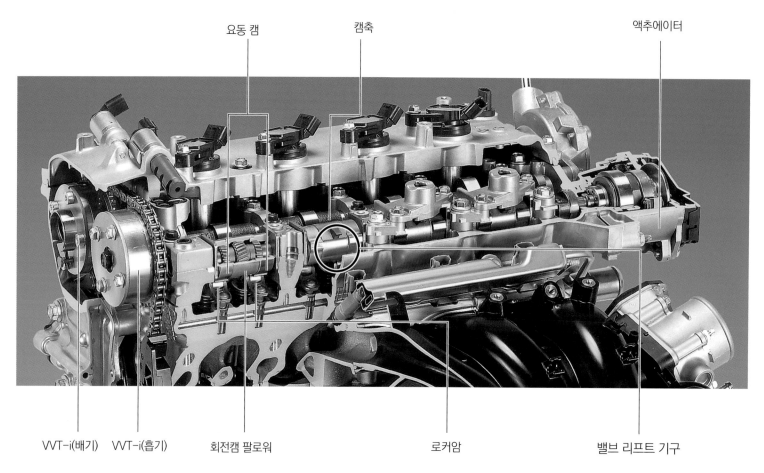

요동 캠　　캠축　　액추에이터

VVT-i(배기)　　VVT-i(흡기)　　회전캠 팔로워　　로커암　　밸브 리프트 기구

2007년에 「노아」 「복시」의 3ZR-FAE 엔진에 탑재된 토요타의 연속 가변기구인 밸브매틱. 요동 캠의 지지점을 변화시키는 BMW에 반해 이 시스템은 캠 형상(팔로워)의 위치를 움직여 연속 가변을 실현한다.
캠 형상의 가변은 액추에이터부터 컨트롤 축에 의해 이루어지며 그 작동은 스텝 모터에 의한 축의 전후방향 움직임+스플라인(spline)으로 실행되는 복잡한 과정이다. 설계 면에서 많은 어려움이 있었을 것으로 생각된다.

① 컨트롤 축의 스러스트 방향 이동
② 요동 캠의 회전
③ 로커암으로 입력

입력부

저속회전 영역에서는 캠축으로부터의 입력을 로스트 모션시킴으로써 양정을 적게 하고 부하가 높아짐에 따라 요동 캠의 작용 각을 증가시킨다. 정확한 왕복운동과 많은 수의 부품들이 제어의 핵심이다.

▶ NISSAN | VVEL

데스모드로믹(desmodromic) 기구에 의한 연속 가변 시스템

스카이라인 쿠페나 페어레이디 Z 등 VQ37VHR 엔진에 탑재된 닛산의 연속 가변 기구가 VVEL(Variable Valve Event Lift)이다. 이 방식의 최대 특징은 편심(偏芯) 캠(eccentric cam)을 이용한 점이다.

또한 요동 캠을 강제로 밀거나 당기는 데스모드로믹 기구를 갖춘 것도 특징이다. 리턴을 스프링에 의존하지 않기 때문에 신축(伸縮)하는데 있어서 시간의 지연이 없다. 이것들을 직타식(direct compression) 밸브와 조합한다. 또한 모든 섭동 면에는 롤러가 아니라 DLC(Diamond-Like Carbon)를 이용한다.

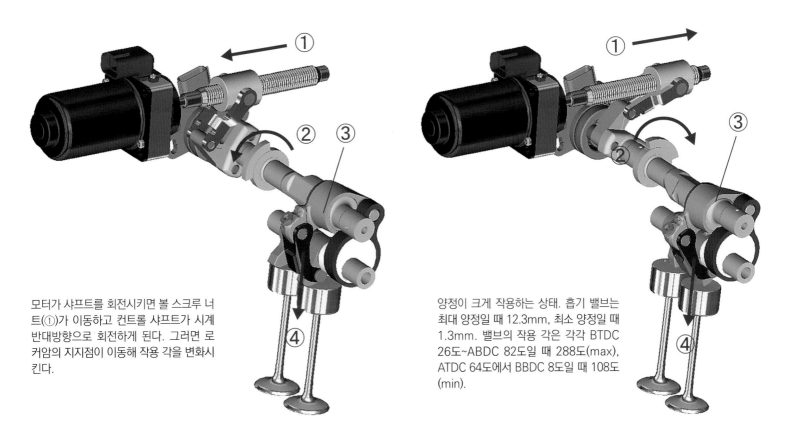

모터가 샤프트를 회전시키면 볼 스크루 너트(①)가 이동하고 컨트롤 샤프트가 시계 반대방향으로 회전하게 된다. 그러면 로커암의 지지점이 이동해 작용 각을 변화시킨다.

양정이 크게 작용하는 상태. 흡기 밸브는 최대 양정일 때 12.3mm, 최소 양정일 때 1.3mm. 밸브의 작용 각은 각각 BTDC 26도~ABDC 82도일 때 288도(max), ATDC 64도에서 BBDC 8도일 때 108도(min).

컨트롤 샤프트 · 링크A · 로커암

편심캠 · 드라이브 샤프트 · 밸브 리프터 · 링크B · 아웃풋 캠

체인 드라이브의 드라이브 샤프트에 있는 편심 캠 회전이 연결된 링크A → 로커암 → 링크B → 아웃풋 캠으로 전달되고 직타식(直打式) 밸브 리프터를 작동시키는 구조. 연속 가변은 컨트롤 샤프트의 회전에 의해 로커암의 지지점이 이동하게 되고 아웃풋 캠의 로스트 모션에 의해 밸브의 양정과 작용 각이 변화된다.

복잡한 캠 형상으로 연속 가변시키다

고 양정쪽   저 양정쪽

복잡하지 않기 때문에 실린더 헤드도 일반적인 것과 비교해 큰 차이가 없다. 헤드 위의 모터가 눈에 띈다.

모터

스플라인

스즈키가 2007년 도쿄 모터쇼에 전시한 「3차원 캠 엔진」은 캠 샤프트의 형상 자체를 변화시켜 연속 가변 기구를 실현한 것이다. 축 좌우방향의 형상(프로파일)을 서서히 높여 양정과 열림 각을 변화시키는 구조이다. 그로 인해 캠 샤프트 자체가 좌우방향으로 이동하면서 작동하는 구조이다.

일반적인 캠 샤프트가 선 또는 면 접촉인데 반해 점 접촉이라는 단점은 있지만 받는 쪽에는 롤러 팔로워를 사용하고 있다. 점 접촉은 내구성의 확보가 어렵기 때문에 4륜차에 대한 적용은 어려울 것이다. 당시에 「몇 년 후에 실용화를 계획 중」이라고 언급하였다.

3차원 캠 샤프트의 구조. 모터에 의해 캠 홀더를 좌우로 이동하게 하여 캠 프로파일을 변화시킨다. 고 양정쪽과 저 양정쪽에서 연속적으로 가변되는 프로파일이 사진 상에 나타나 있다. 스플라인에 의한 좌우 이동량은 30mm.

OCV 탑재 플라스틱 실린더 헤드 커버

헤드 커버의 뒤를 보면 그 기능의 진화에 놀란다.

OCV(오일 컨트롤 밸브)

사진의 오른쪽에 보이는 것이 VVT(Variable Valve Timing) 구동·제어용 OCV(Oil Control Valve). 이 엔진은 흡배기가 똑같은 VVT 기구가 배치되어 있기 때문에 OCV도 2계통을 설치한다. 바로 앞의 단면으로 된 부분의 안쪽에 알루미늄 제품의 OCV 홀더와 개스킷이 보인다.

뒷면 구조. 방향은 왼쪽 사진과 같다. 오른쪽에는 OCV 홀더가 보인다. 전체를 덮은 흰 부분은 블로바이 가스 흐름 통로로부터의 오일을 받는 격리 판이다. 오일은 전후에 배치된 노즐에서 캠 등으로 공급된다.

NR용 실린더 헤드 커버의 PCV(Positive Crankcase Ventilation) 계통

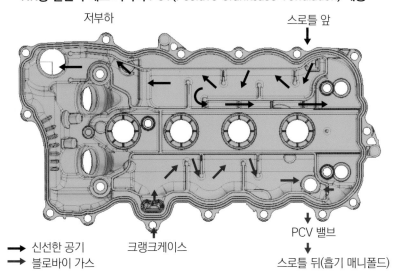

저부하

스로틀 앞

PCV 밸브

신선한 공기
블로바이 가스

크랭크케이스

스로틀 뒤(흡기 매니폴드)

이 그림에서는 조금 이해하기 어렵지만 헤드 커버는 흡기 경로의 스로틀 밸브 전방과 후방의 2계통에 공기 흐름의 경로가 있다. 저부하의 상태에서는 스로틀 밸브 앞쪽의 경로에서 헤드 커버로 신선한 공기를 도입하여 환기를 촉진하고 블로바이 가스(blowby gas)는 스로틀 밸브 후방에서만 환류 한다.
고부하 상태가 되면 부압에 의해 스로틀 밸브 앞쪽에도 블로바이 가스가 환류하여 효율을 향상시킨다. 세퍼레이터 및 샤워 파이프 등의 구성 부품은 모두 레이저 용접으로 고정된다.

실린더 헤드 커버도 플라스틱화가 진행되고 있는 분야의 하나이다. 토요타 방직에서는 1999년 토요타 1N형 디젤 엔진의 보급용에서 헤드 커버의 생산에 착수하여 2002년부터는 설계·생산에도 대응하였다. 플라스틱화의 주요 목적은 역시 경량화와 제조 공정에서 기계 가공이 불필요한 점에 의한 저비용화이지만 성형의 자유도가 높은 것을 활용하여 다양한 혁신 기술을 투입하였다.
같은 회사의 최신작의 하나인 토요타 1NR-FE형 엔진용 플라스틱 제품의 헤드 커버의 내부 구조를 보기로 한다. 우선, 플라스틱화에 의해 알루미늄 성형의 부품비로 40%의 경량화를 실현하고 있다. 소재는 나일론(폴리아미드)계로, 이 제품에서는 「PA66」에 유리 섬유를 혼합하여 강도를 높인 것을 사용하고 있다.
과제가 된 것은 같은 엔진은 가변 캠 및 밸브 기구의 VVT를 탑재하기 위하여 그 유압제어 부품인 OCV(Oil Control Valve)를 헤드 커버에 유지해야만 한다는 것이다. 종전에는 이러한 부품을 플라스틱 제품의 헤드 커버에 탑재한 예는 없었다. 플라스틱과 금속은 열팽창의 차이가 있기 때문에 OCV 연결부의 유밀 유지가 곤란한 것이 그 원인이다.
대책으로 OCV 본체는 전용 알루미늄 제품의 홀더에 의해 유지하고 헤드 커버와의 사이를 개스킷으로 밀봉하는 구조로 해결한다. 또한 커버 안쪽에는 PCV(Positive Crankcase Ventilation)라는 기구를 배치하였다. 여기에는 2개의 큰 특징이 있다. 우선, 크랭크 케이스 안의 블로바이 가스를 헤드 내부로 유도한 후의 경로에서 신선한 공기를 도입하는 것으로 크랭크 케이스 안의 환기를 촉진하는 것이다.
또한 블로바이 가스의 흐름 통로는 복수의 격벽을 설치한 래버린스 패킹(labyrinth packing)의 구조로 한다. 이것에 의해 블로바이 가스에 포함된 유증기(oil mist)를 벽면에 부착 분리하여 흡기 쪽으로의 유출을 방지한다. 이 기능에 의해 오일의 소비량을 저감하며, 오일 자체는 로커 암의 팔로워(follower)나 캠의 윤활에 사용하면서 오일 팬으로 돌려보내 오일의 열화를 방지한다.

블로바이 가스 흐름 통로의 래버린스 패킹(labyrinth packing)의 구조. 흐름 통로에 격벽을 설치하여 유증기를 효율적으로 포집함으로써 깨끗한 오일을 캠으로 돌려보내는 효능을 갖는다.

VELOCITY MAGNITUDE
M/S
ITER = 1000
LOCAL MX= 4.716
LOCAL MN= 0.9901E-06

5.500
5.000
4.500
4.000
3.500
3.000
2.500
2.000
1.500
1.000
0.5000
0.0000

흐름 해석 등고선 지도
블로바이 가스(유증기 : oil mist 포함)의 흐름을 가시화

위의 그림은 CFD를 이용한 래버린스 패킹(labyrinth packing)의 구조를 검토하는 과정이다. 흐름 통로의 형태나 격벽의 간격으로 하는 파라미터((parameter)를 변화시키면 효율적으로 포집할 수 있는 유증기 입자의 직경에 변화가 생기는 것이 확인되었다. 그것을 나타내는 것이 아래쪽 그래프다. 블로바이 가스 안에 많이 포함된 유증기 입자의 직경에 적합한 것으로 포집 효과를 높인다.

유증기(oil mist) 각 입자 직경의 포집율
상기 해석으로 유증기의 각 입자 직경 데이터를 입력하여 계산

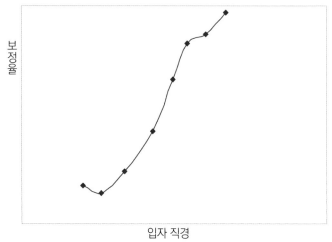

보정율

입자 직경

환경 성능을 만족시키면서 배기가스를 부드럽게 배출시키는 것이 요구된다.

① 배기장치의 배치

배기장치는 배기 매니폴드~촉매~센터 파이프~머플러 등으로 구성된다.

촉매와 머플러는 성능의 확보와 공간의 관계에서 메인과 서브의 2개로 나뉘기도 한다. 앞 엔진·앞바퀴 구동(FF)의 배치에서는 촉매를 조기에 활성화시키기 쉬운 후방 배기가 주류를 이룬다. 엔진을 거주 공간의 뒤에 배치(MR/PR)하는 것은 다루기 어렵다.

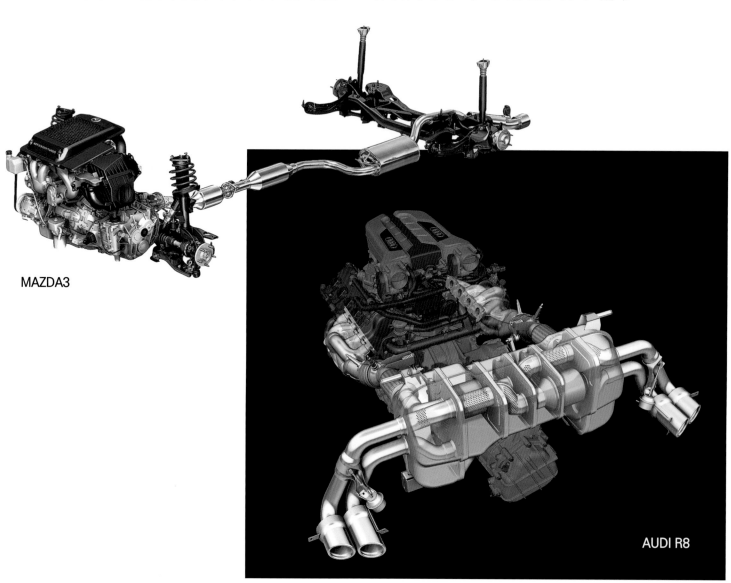

MAZDA3

AUDI R8

② 배기 매니폴드

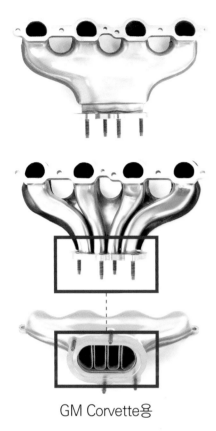

GM Corvette용

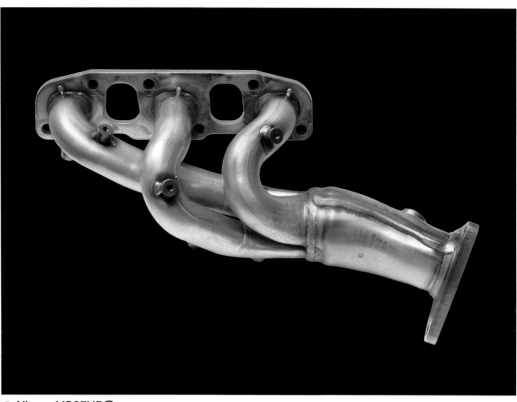

● Nissan VQ35HR용

배기 매니폴드는 배기의 간섭을 피하도록 설계하는 것이 기본이다. 엔진의 성능을 최우선으로 한다면 동일한 길이로 하는 것이 정석으로 닛산 VQ35HR용은 그 대표적인 예이다. 성능을 중시한다면 배기 매니폴드를 길게 설계하겠지만 촉매의 성능을 중시한다면 짧게 한다. 예전의 구조에서 동일한 길이로 하지 않은 콜벳(Corvette)용은 성능보다 겉보기나 독특한 사운드를 중시하는 느낌이다.

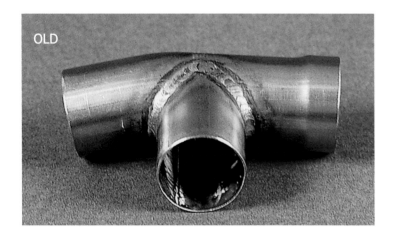

● 용접에서 내부 고압 성형법으로

생산의 합리화도 이루었다. 복잡한 형상을 만들 경우 이전에는 프레스+용접의 단순한 형상을 조합하여 실현했으나 하이드로 포밍(hydro forming)의 공법을 활용하여 복잡한 모양을 박판 일체형으로 실현할 수 있게 되었다. 부재나 공정의 간소화 및 경량화를 실현하였다.

▶ Honda 가변 밸브 배치 소음기

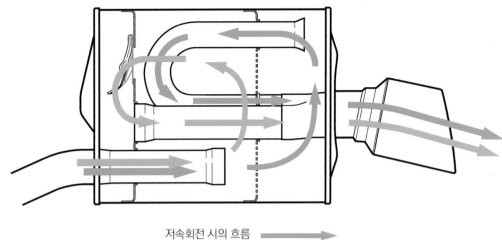

고속회전 영역에서 배압을 낮추기 위한 시빅 형식 (Civic Type)-R (위)에서는 머플러 안에 가변 밸브를 설치하여 저속회전 시와 고속회전 시에 통로를 변경하고 있다. 레전드(LEGEND)는 뒷좌석의 거주성과 트렁크의 용량이 우선하여 머플러의 공간을 포기하였다. 그래서 용량이 적은 단점을 흐름의 통로 변환 밸브로 해소한다. 성능의 확보분만 아니라 웅웅거리는 소음의 해소에도 도움이 된다.

저속회전 시의 흐름 ━━━▶
고속회전 시에 증가된 흐름 ━━━▶

가변 밸브 배치 소음기

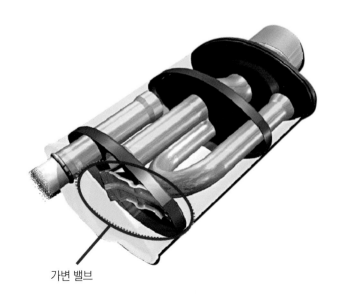

가변 밸브

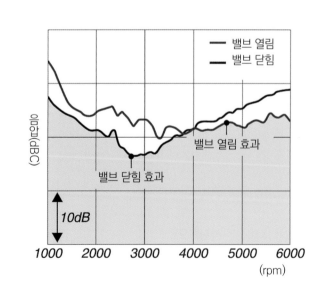

▶ 음질의 추구

● 수바루(SUBARU)의 예

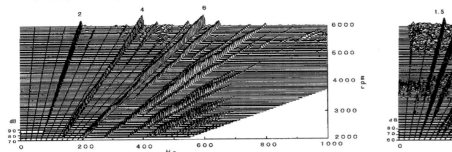 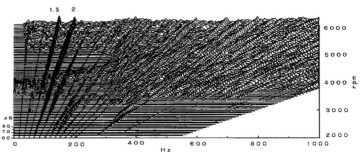

엔진의 배기 계통에서 생성하는 소리는 배출음과 방사음의 합성음이다. 이러한 음들을 주파수대 영역으로 정리하여 사람이 불쾌하게 느끼는 성분을 억제하여 같은 크기여도 「소음」이 「소리」로 변한다. 왼쪽 그래프는 「길이와 폭발도가 같은 소음기」를 도입한 레거시(LEGACY)의 예이며, 오른쪽 그래프가 개선 전의 것이다.

▶ 새로운 제작 방법에 의한 합리화 - 산고(三五)의 예

산고(三五)가 촉매 담체를 내장한 케이스로 사용한 신기술. 배기가스의 입구와 출구가 오프셋인데 이것은 1개의 동판에서 「편심 스피닝(spinning) 공법」(소재를 길게 늘이는 소성가공의 발전계통)으로 만들어진다. 일체화하기 위한 합리적 방법인 동시에 경량화와 정밀도가 높은 제품을 만들 수 있다.

일을 끝낸 고온의 배기가스를 원활하게 대기 중으로 배출하는 것이 배기 계통의 역할이다. 실린더 헤드의 배기 포트로부터 토출되는 배기가스는 배기 매니폴드를 거쳐 1개의 파이프에 모여 촉매기를 경유하여 머플러까지 다다른다. 촉매는 배기 매니폴드 바로 아래의 메인 촉매와 플로어 아래의 서브 촉매로 나뉘는 게 일반적이다.

머플러도 마찬가지로 프리 머플러와 메인 머플러로 구성되는 경우가 있다. 배기가스를 원활하게 배출하는데 문제가 되는 것은 간섭이다. 배기 매니폴드의 집합부에서 각 기통의 배기가스가 서로 충돌하면 흐름이 방해되어 배기 효율이 떨어진다. 그래서 배기가스의 관성과 압력 파를 이용하여 배기 상사점에 남은 배기가스를 토출하고 새로운 공기와 교환하는 방법이 일반적이다. 4기통 엔진에서 점화순서가 1-2-4-3이라면, 1번과 4번, 2번과 3번을 일단 묶어서 간섭을 방지하는 설계를 하기도 한다.

레이싱 엔진은 배기의 파동을 중시한 설계를 철저하게 할 수 있지만 대량으로 생산하는 차량은 그렇게 되지 않는데 그것은 촉매가 설치되기 때문이다. 3원 촉매는 일정한 온도에 이르지 않으면 효과적으로 기능을 하지 않는다. 특히 난기 직후의 조기 활성화를 위해서는 가능한 한 배기 포트 출구의 가까운 곳에 촉매를 배치한다.

그래서 엔진의 성능과 촉매의 균형이 필요해진다. 배기 계통도 소형화·경량화·저비용화 추세와 관계가 있으므로 재료나 제작 방법의 고안이 매일 이루어지고 있다. 또한, 머플러는 간단히 소리를 작게 하는 기능만이 아니라 차종에 따라서는 소리를 튜닝하는 개발이 시행되고 있다.

③ 배기 계통 기술의 진전

유해 배출물(Emission)의 저감과 공간 효율의 양립

▶ 고성능 배기 모듈

● **닛산 인피니티(INFINITI) FX45용**

배기 매니폴드+예비 촉매(Pre-catalyst)+메인 촉매를 일체화한 고성능 배기 모듈로 낮은 열용량의 설계로 촉매를 급속하게 활성화하여 유해 배출가스를 낮추고 동시에 높은 출력을 발휘한다. 배기 출구가 쏠려있는 것을 보면 촉매 케이스는 편심 스피닝 공법(Eccentric Spinning Method)으로 제작한 것으로 생각된다.

▶ 에어 갭 SUS 2중관

● **토요타 타코마(북미)용 배기 매니폴드**

에어 인젝션(2차 에어)의 도입으로 미연소 가스를 배기관 안에서 연소시켜 촉매에서 완전 연소를 촉진시킨다. 그 구조와 배기 매니폴드를 일체화한 예로서 에어 인젝션의 통로를 주철 플랜지와 일체화시킨 것이 특징이다.

▶ 고성능 SUS

● **토요타 셀리카(유럽)용 배기 매니폴드**

얇고 낮은 열용량의 스테인리스강의 내관과 그것을
보호하는 스테인리스강의 외관으로 구성된 배기 매
니폴드이다. 배기가스 온도의 저하를 방지하여 촉매
의 조기 활성화를 목적으로 한 구조이다. 미국의 LEV
규제에 대응하기 위한 조치로서 배기가스의 흐름과
금속 피로의 해석은 3차원 해석 기술을 사용한다.

▶ 촉매 일체 SUS

● **토요타 MR-S용 배기 매니폴드**

온도를 저하시키지 않고 배기가스를 촉매로 보내려
면 배기 매니폴드를 짧게 하여 바로 촉매와 연결해주
면 된다. 이 방법을 추구하다 보면 배기 매니폴드와
촉매는 하나가 된다. 딥 드로잉(Deep Drawing) 프
레스 공법과 주물의 일체화로 가격을 낮추고 신뢰성
을 높였다.

▶ 터빈 하우징 일체

● **토요타 야리스 디젤차(유럽)용 배기 매니폴드**

배기 매니폴드와 터보차저의 터빈 하우징을 일체화
한 예. 유럽시장용 야리스 디젤용의 경우 일체화로 배
기 계통의 체적이 33% 감소, 반응성이 향상되고 내
열 주철을 새로 개발해 저비용화를 계획하고 있다.

107
배기 열에너지의 변환

버려지는 열을 회수하여 에너지의 효율을 높이는 기술

▶ **열 수집장치** | 주식회사 산고(三五) 시제품

3세대 프리우스(Prius)에 채택되어 일약 메이저가
된 배기 열 재순환 장치와 같은 종류의 장치로서 촉
매 뒤쪽의 파이프에 냉각수와 접촉하는 부분을 배
치하여 적극적으로 배기 열을 냉각수로 전달한다.
난기(暖機) 시간의 단축을 노린다.

▶ 열전(熱電) 변환 장치

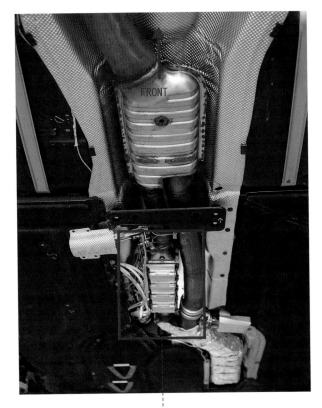

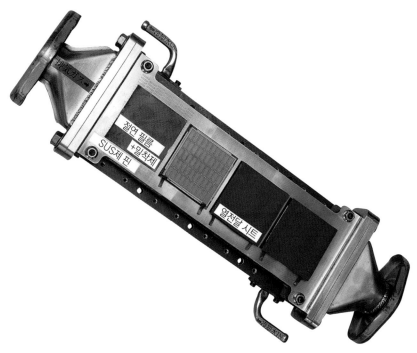

● 주식회사 산고가 제작한 열전 변환기(시제품)

산고는 자동차용으로 각종 배기가스 열을 회수 이용하는 기술을 검토 개발 중이며, 열전 변환 기술도 그 중 하나이다. 배기가스의 열을 직접 전기 에너지로 변환하는 열전 변환기는 벤치 테스트(대상 시험) 외에 실차에서도 실험 중이며, 고속으로 정상 주행에서의 효율은 높지만 저온에서의 성능 확보는 과제로 남아있다.

BMW는 2006년 9월, 530i에 열전 발전기(TEG : Thermoelectric Generator)를 탑재하여 시험한 결과 8%의 연비 향상을 확인하였다. 가운데의 상자 모양이 열전 변환 모듈이 내장된 케이스이며, 촉매 뒤의 배기를 이용한다.

엔진의 연소실 안에서 생성되는 에너지를 100으로 가정하면 그 중에서 주행 에너지로 사용되는 것은 25%에 지나지 않는다. 남은 75% 가운데 70%는 열 상태로 대기 중에 방출된다. 방출되는 열은 배기가스가 30%, 엔진의 냉각수에서 30%, 엔진 자체에서 10% 정도이다.

버려지는 배기 열을 회수하여 유효하게 이용할 수 있다면 에너지의 효율은 높아진다. 즉, 연료의 소비량이 적어져 연비가 좋아진다. 하이브리드 차량은 제동시의 운동 에너지를 회수하여 전기 에너지로 변환한 뒤 구동 시에 재이용함으로써 에너지 효율을 향상(=연비향상)시키지만 운동 에너지가 아니라 열에너지를 회수하여 효율을 향상시키려는 것이 배기 열을 이용하는 기술이다.

배기 열을 이용하는 종류에는 크게 2종류로 나눌 수 있다. 한 가지는 회수한 열 그대로 이용하는 구조로 3세대 프리우스(Prius)가 채택한 배기 열로 냉각수를 가열하는 난기 장치 등이 이에 해당된다. 또 다른 하나는 열을 전력으로 변환하는 구조로 랭킨 사이클(Rankine Cycle) 장치와 열전 변환 장치가 여기에 해당된다.

랭킨 사이클 시스템은 열로 증기 터빈을 회전시켜 열에너지를 운동 에너지로 변환하고 그 운동 에너지로 발전기를 회전시켜 전기 에너지로 변환하여 축전 한다(운동 에너지를 그대로 이용해도 된다). 작은 화력 발전소를 탑재하고 있는 것과 같다.

한편 열전 변환 장치는 열전 변환 소자를 이용하여 열을 직접 전기로 변환하는 구조이다. 어느 경우에도 구성 부품의 소형화나 효율의 향상, 비용의 절감 등 해결해야 할 과제는 많지만 연구할 가치가 충분한 기술이다.

① 랭킨 사이클 시스템

배기 열에너지를 회수하여 동력 · 전력으로 변환한다.

열을 열로서 그대로 이용하는 것이 아니라 동력 혹은 전기로 변환하는 것이 랭킨 사이클 시스템이다.
시스템의 효율을 높이는 시도나 과도 영역에서 사용의 편리성, 소형 경량화를 모색하고 있는 단계이다.

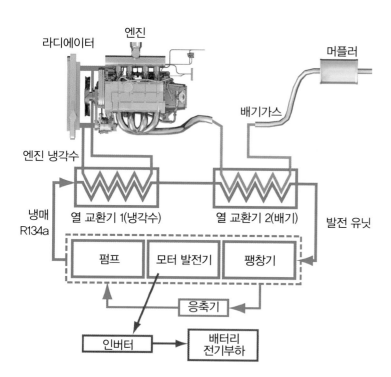

SANGO가 제안하는 랭킨 사이클 시스템의 구성도. 작동 유체로는 물이 아니라 냉매 R134a를 사용한다. 냉각수의 열로 가열된 R134a는 그대로 다른 열 교환기를 통해 배기가스에 의해 가열되어 발전기/팽창기/펌프가 일체로 된 유닛으로 향한다. 즉, 저온용과 고온용 회로는 직렬이다.

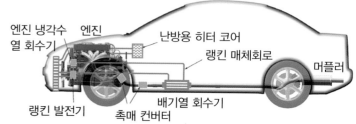

배기 열의 회수기는 촉매의 후방 즉, 바닥 아래에 배치하는 구성이며, 냉각수의 열 회수기, 발전기/팽창기/펌프가 일체화된 유닛은 엔진 룸에 배치된다. 열에서 변환된 에너지는 동력/전력 둘 모두에 대응할 수 있는 설계로 되어 있다.

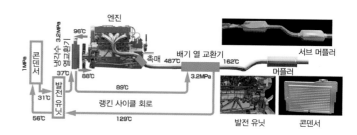

좌측 그림의 랭킨 사이클 시스템을 차량 탑재상태(Plan View)로 전개하여 순환하는 R134a의 압력과 온도를 기록한 그림이다. 배기가스는 촉매를 통과한 후에 열교환기를 향하기 때문에 시동 직후의 난기성에는 영향을 미치지 않는다. 중부하의 정상 주행 영역을 큰 장점으로 한다.

배기가스의 열(고온)과 냉각수의 열(저온)을 이용

스코틀랜드인 물리학자 William Rankine(1820~1872년)의 이름에서 유래한 랭킨 사이클은 즉, 증기 사이클 이다. 열원으로 액체(물이 주류)를 가열하여 발생한 증기로 터빈을 회전시켜 운동에너지로 변환한다. 그 에너지로 발전기를 회전시켜 전기에너지를 얻는다.

회전하는 터빈의 힘을 전기로 변환하지 않고 그대로 동력으로서 사용해도 좋다. 역할을 끝낸 증기는 응축되며, 다시 가열 행정으로 돌아간다. 펌프, 가열기, 증기 터빈/발전기, 응축기와 같은 랭킨 사이클을 구성하는 기본 장치는 화력 발전소와 같다. 랭킨 사이클 엔진은 작은 화력 발전소라고 생각하면 된다.

화력 발전소가 보일러의 열만을 이용하여 물을 데우는 것에 비하여 랭킨 사이클 엔진은 배기가스의 열과 냉각수 열의 2종류를 회수하여 이용할 수 있는 것이 특징이다. 그 경우 고온용 회로와 저온용 회로의 2개 회로를 갖게 된다. 열 회수의 효율을 높이기 위해서는 엔진을 난기 운전한 후가 적합하다.

또, 어느 정도 부하가 높은 영역으로 정상적인 운전을 한 상황에서 사용하는 편이 효율이 좋다. 예를 들면 하이브리드 카에 탑재하여 고속으로 주행한 경우 기존의 하이브리드 카는 제동 시 혹은 스로틀 오프 시에만 에너지를 회생할 수 있었지만 랭킨 사이클 시스템을 탑재하면 주행 시에도 에너지를 회생할 수 있다.

과제의 하나는 탑재성이다. 기존의 엔진 유닛에 랭킨 사이클 시스템이라는 유닛을 추가해야만 한다. 열 회수의 효율이 높긴 하지만 전기 에너지로 변환할 때 효율이 급격히 저하되는 것도 해결해야 할 과제이다.

열 회수율 80%로 연비를 15% 향상시키는 터보 스티머(Turbo Steamer)

▶ BMW Turbo steamer

배기가스와 냉각수의 열로 작동 냉매를 증발시킨 증기로 터빈 또는 펌프를 구동시키는 랭킨 사이클 시스템의 일종인데 팽창기는 발전기와 일체가 되어있지 않으며, 여기서 생긴 동력을 크랭크축에 합류시키는 것이 특징이다. 팽창기나 콘덴서(응축기) 등의 구성 요소를 나중에 장착하는데 소형의 직렬 4기통 엔진이 도움이 되고 있다.

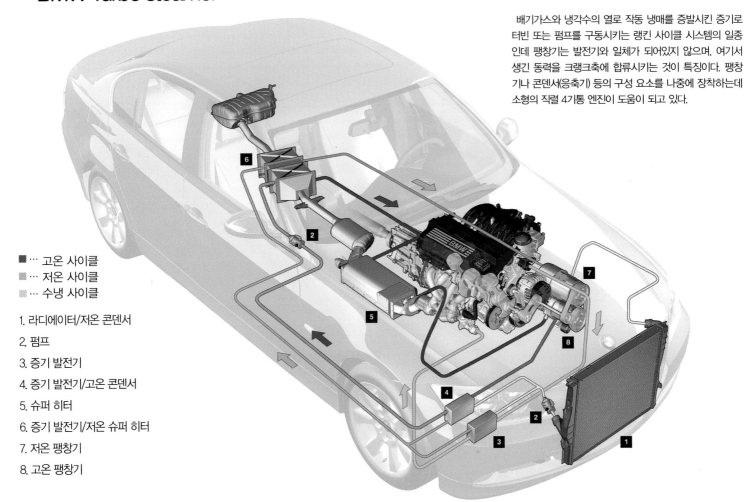

■ … 고온 사이클
■ … 저온 사이클
■ … 수냉 사이클

1. 라디에이터/저온 콘덴서
2. 펌프
3. 증기 발전기
4. 증기 발전기/고온 콘덴서
5. 슈퍼 히터
6. 증기 발전기/저온 슈퍼 히터
7. 저온 팽창기
8. 고온 팽창기

BMW는 2005년 12월 [터보 스티머]라 이름 붙인 열에너지를 동력으로 변환하는 랭킨 사이클 시스템을 발표하였으며, 당시 10년 이내에 실용화를 목표로 하였다. 1800cc 직렬 4기통 엔진을 탑재한 3시리즈 터보 스티머는 저온과 고온의 2개의 독립된 회로를 갖추었다.

고온 사이클 회로를 흐르는 작동 유체는 배기가스로 가열되어 증기가 되며, 고온 고압인 상태로 엔진의 앞쪽에 설치된 팽창기로 들어간다. 증기는 여기서 팽창하여 회전력을 발생하며, 동력은 벨트를 통해 크랭크축으로 전달된다.

한편, 저온 사이클 회로는 상류 측에서 냉각수의 열을 회수하고 하류에서 고온 사이클에서의 열 교환을 끝낸 후 배기가스로부터 가열을 받아 역시 엔진의 앞쪽에 설치된 팽창기로 들어간다. BMW의 설명에 의하면 2개의 회로를 사용함으로써 배기가스가 가진 열의 80%를 회수할 수 있다고 한다.

1800cc 직렬 4기통 엔진+터보 스티머를 테스트 릭에 설치하여 시험을 실시 해본바 15%의 연비 향상과 동시에 10kW/20N·m의 출력/토크의 향상을 확인할 수 있었다고 한다. 양산을 향한 과제는 구성 요소의 간소화와 소형화라고 보고했다.

사진은 터보 스티머의 온도 분포를 나타낸 것이다. 배기 매니폴드에서는 800℃ 부근이지만 저온 사이클의 증기에 열을 부여하는 가열기의 뒷부분에서는 50℃ 부근까지 온도가 내려가 있는 것을 알 수 있다.

③ 열전 변환 재료

Furukawa Thermo Electric Conversion Module

열을 전기로 변환한다. 전문적인 지식이 없는 사람이 보면 마치 연금술처럼 보이지만
그 기원은 19세기 초로 오래 되었다.
어떻게 해서 전기 에너지로 변환되는 것인가?
실용화에 대한 과제는 어디에 있는 것인가? 최근 동향을 알아본다.

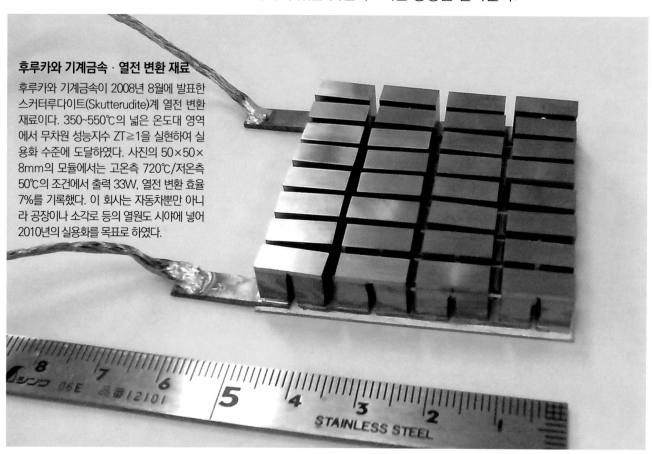

후루카와 기계금속 · 열전 변환 재료

후루카와 기계금속이 2008년 8월에 발표한 스커터루다이트(Skutterudite)계 열전 변환 재료이다. 350~550℃의 넓은 온도대 영역에서 무차원 성능지수 ZT≧1을 실현하여 실용화 수준에 도달하였다. 사진의 50×50×8mm의 모듈에서는 고온측 720℃/저온측 50℃의 조건에서 출력 33W, 열전 변환 효율 7%를 기록했다. 이 회사는 자동차뿐만 아니라 공장이나 소각로 등의 열원도 시야에 넣어 2010년의 실용화를 목표로 하였다.

무차원 성능지수 ZT≧1이 확실한 실용화도 눈앞에.

그러면 열전 변환이라는 것은 어떻게 해서 이루어지는 것일까? 고체의 양 끝에 온도차를 일으키면 기전력이 발생하는 성질(제백 효과)이 그 원리로 열전 변환은 그 원리를 더욱 진행시켜 N형 및 P형이라는 다른 성질의 금속 또는 반도체를 접합하여 실행한다.

열전 변환 재료의 요건은 전기적 특성이 좋은 것과 열전도율이 낮은 것을 동시에 충족할 것. 전기적 특성이란 큰 기전력이 발생하는 것과 재료의 도전율을 높인 것을 가리키므로 [전기는 잘 통하지만 열은 전달하기 어렵다]라는 즉, 상반되는 요소로 요구받게 된다. 그 성능은 무차원 성능지수(ZT)에 의해 표시되며, ZT의 수치가 클수록 열전 변환의 효율이 높은 것을 나타낸다. 실용화의 기준으로서는 ZT≧1.

N형/P형 모두 주요 열전 재료는 몇 가지 종류로 규정되어 있으며, 각각의 재료 특성을 얼마나 적용 온도에 맞추는가, ZT 수치를 얼마나 높이는가가 당면한 과제가 되었다. 성능이 뛰어난 N형과 P형 재료의 동시 사용도 고효율에는 빠질 수 없는 요소이다.

또, 현재의 주요 재료로서는 비스무트(Bi), 안티몬(Sb), 납 등을 들 수 있으며, 이 원소들은 매장량이 적고 고가이며, 내열성이 낮고 무엇보다도 인체에 대해 매우 독성이 강한 것도 문제가 되고 있다.

2008년 8월에 발표된 후루카와 기계금속의 열전 변환 재료는 철, 코발트, 안티몬, 희토류 원소 등으로 이루어지는 스커터루다이트 계이다. 이와 같은 계로서는 세계 최고의 성능을 자랑한다.

스커터루다이트 계의 재료는 전기적 특성은 뛰어나지만 열전도율이 높기 때문에 과제가 컸지만 이 회사는 란타넘(La), 바륨(Ba), 이테르븀(Yb), 칼슘(Ca) 등의 원소를 중심으로 추가로 이들 외의 원소를 동시에 충전하는 방법으로 열전도율의 저감에 성공했다.

이에 따라 P형 ZT는 기존의 0.5에서 1.1로, N형의 ZT는 0.7에서 1.3으로 대폭 성능의 향상을 실현하여 단숨에 실용화에 대한 전망이 열리게 되었다.

▶ 열전 변환이란

열전 변환은 좌측 그림의 [제백 효과]를 이용한다. 한쪽을 고온, 다른 한쪽을 냉각하면 전압이 발생하여 전류가 흐른다는 생각으로 1821년에 독일의 과학자 제백(Seebeck)에 의해 발견되었다. 모든 열원으로부터 전기를 뽑아내는 것이 가능하며, 가동 부분이 없어 구조적으로도 강한 것이 장점이다.

마찬가지로 1834년에는 프랑스의 과학자 펠티에(Peltier)에 의해 2개의 다른 금속에 전류를 흘리면 흡열 또는 발열이 일어나는 현상[펠티에 효과]가 발견되었다(우측 그림). 이 둘은 마침 정반대의 성질로 펠티에 효과에 대해서는 소형 냉장고나 CPU의 쿨러 등 실용 제품에 사용하고 있다.

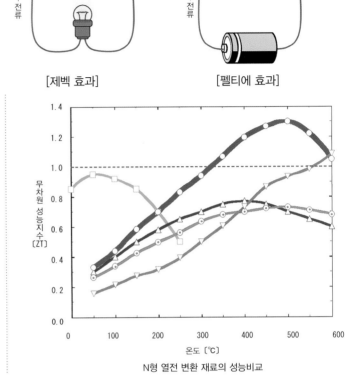

[제벡 효과]　　　[펠티에 효과]

▶ 열전 변환 재료의 개발

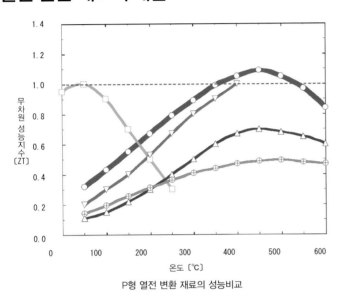

P형 열전 변환 재료의 성능비교

N형 열전 변환 재료의 성능비교

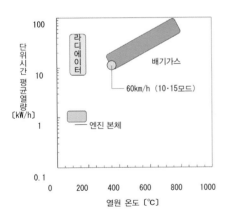

전력 소모	전자기기	500W 이상
	공조(600W/명))	3000W 이상
가솔린 연소의 열량	연비	10km/ℓ
	시가지 주행	67kW
	고속 주행	110kW
배기가스의 열량	배기가스 열량의 비율	70%
	시가지 주행	47kW
	고속 주행	78kW
열전 변환 발전의 전력 (현재 가능한 기술)	열전 발전에 기여하는 배기가스의 비율	20%
	열전 변환 효율	5%
	시가지 주행	460W
	고속 주행	770W
열전 변환 발전의 전력 (미래 예측의 기술)	열전 발전에 기여하는 배기가스의 비율	30%
	열전 변환 효율	7%
	시가지 주행	1000W
	고속 주행	1600W

좌측 그래프에 나타낸 것처럼 2000cc급 승용자동차의 배기가스 온도는 대략 400~800℃의 분포대에 있다. 그것을 염두에 두고 위의 좌우 그래프를 보면 스커터루다이트계 재료의 ZT값×온도 분포가 자동차의 요구에 매우 잘 일치하는 것을 알 수 있을 것이다.

기존의 비스무트계(물색)의 ZT값 크기는 저온 영역에 한정되며, 그 외의 납-텔루륨(Te)계(청색) 등은 어느 온도 대에서도 ZT값보다 미달이다. 유일하게 P형의 아연 안티몬계(분홍색)가 좋은 곡선을 보이고 있는데, 400℃에 도달한 부분에서 무너져 버린다.

또, 중온 영역에서 열전 변환 효율을 향상시키기 위해서는 P형/N형 쌍방의 높은 성능이 요구되며, 스커터루다이트계는 그 점에서도 기대가 높아진다.

▶ 모듈의 개발

후루카와 기계금속의 열전 변환 재료의 시험 제작품은 P형과 N형을 32쌍으로 구성하였다. 발전 조건은 670℃(고온측 720℃/저온측 50℃)에서 변환 효율이 7%, 출력 33W, 출력밀도 1.3W/㎠을 기록했다. 기존의 비스무트 텔루륨계 소자의 변환 효율이 4%대였던 것을 생각하면 비약적인 발전이다.

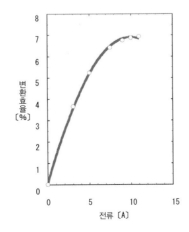

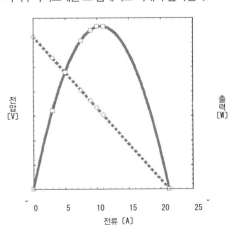

④ 배기 열에너지를 회수 전력으로 변환

폐기될 뿐이었던 열을 활용하는데 있어 오히려 적극적으로 직접적인 에너지원으로서 주목한다.
그러한 관점에서 열을 전기 에너지로 변환하는 것이 열전 변환(熱電變換)의 사고방식이다.

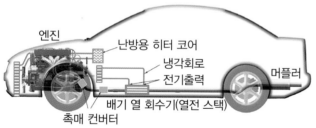

(위)BMW가 상정(想定)하는 열전 변환 시스템을 갖춘 운전석이다. TEG(Thermo Electric Generator) 시스템을 실시간으로 파악하면서 입·출력을 컨트롤하여 연비의 개선과 출력 향상으로 결실을 맺는다. (아래)TEG 시스템의 개요. 히트 컬렉터나 랭킨 사이클처럼 [다른 곳에서] [나중에]가 아니라 바로 그 시간 그 장소에서 에너지를 창출하는 것이 특징.

열을 적극적으로, 직접 에너지로 변환한다.

자동차는 엔진에서 연료를 연소시켜 그 에너지를 회전 운동으로 변환하여 동력을 얻는다. 지금까지 언급한 것처럼 그 변환 과정에서 연소 에너지의 대부분은 열로서 손실되어 대기 중으로 방출되었다.
배기 열을 열 그대로 이용하는 여러 가지 방법이 있지만 여기에서는 열을 에너지로써 특히 전기로 다시 변환하여 이용하는 시도에 대해 서술한다. 열을 전기 에너지로 변환한다는 것은 자동차에 한정하지 않는다면 드문 것은 아니다. 터빈을 회전시켜 발전하는데 화력이나 지열, 원자력에 의한 열원 등 여러 가지 방법이 있다.
선박에 있어서도 발전은 엔진의 배기 열에 의해 이루어지고 있으며, 예전에는 증기 기관차도 증기 터빈에 의해 발전기를 회전시켰다. 그러나 어느 경우라도 발전기를 회전시키는 순서까지 도달하기에는 팽창이나 압축 등 열원에 의해 매체를 변화시켜 그 에너지에

의해 발전기를 회전시키는 단계를 거치기 때문에 아무래도 변환 손실이 발생하게 된다.
오늘날 자동차에서 주목을 받고 있는 것은 그러한 몇 번의 과정을 거치는 간접적인 변환이 아니라 물질의 [제백 효과(Seebeck Effect)]에 의한 [열전 변환 소자]를 이용하여 열을 직접 전기로 변환하는 방법이다. 그 원리와 구성에 대해서는 열 전 변환 재료를 참조하기 바란다.
자동차의 주행에는 일정한 열량을 필요로 하지만 어느 수준을 넘으면 나중에는 남는(余剩) 상태가 된다. 연비 향상의 기계적인 방책도 매우 복잡하고 고도화되어 이미 어찌할 도리가 없는 느낌마저 드는 지금 성가신 존재로서 애먹고 있던 [폐열]을 [배기 열]로서 얼마나 유효하게 이용하는가가 앞으로의 열쇠로 기대가 된다.

BMW 열전 발전기(Thermo Electric Generator)

2004년에 미국 에너지청의 시책으로 시작된 [Thermoelectric Waste Heat Recovery Program(폐열 열전 변환 프로그램)]. 이 프로그램은 [10%의 연비 향상] [유해 배출물 저감] [상업화 및 실현의 가능성] 등을 목표로 하여 그 실행을 위해서 4팀이 결성되었다. 그 중 하나가 BSST와 북미 BMW를 주체로 하는 팀이다. 그들은 2006년 9월 530i에 대한 열전 변환 시스템의 탑재를 목표로 실제 차량에 열전 발전기(TEG)를 장착하여 테스트를 실시하였다. 시뮬레이션에 의하면 8%의 연비 향상을 확인했다고 한다. 고속 주행시에 최대 1kW, 시가지 주행에서 최대 500W의 출력, 열전 변환 효율은 12%, 1파운드(약 454g) 이하의 중량, 1달러/W의 가격을 목표 수치로 한다.

BMW가 상정(想定)하는 TEG 시스템 탑재의 5시리즈 세단이다. 촉매 뒤의 배기가스 열을 이용하여 펌프를 통해 열전 변환 장치를 작동시키는 구성이다.

테스트 차량에 장착된 TEG 모습으로 촉매 직후에 배치된다. 4층의 플랫 패널 내부에는 8장의 열전 변환 모듈을 세팅, 밸브에 의해 고온, 중온, 저온 배기의 TEG 통과 량을 컨트롤하며, 출력의 향상을 도모한다. 저온 측은 냉각수에 의한 방식이다.

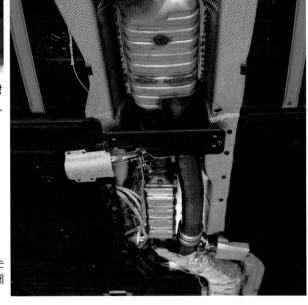

전방에 보이는 것이 TEG 시스템이다. 그 우측의 파이프는 고부하시에 TEG를 바이패스하는 통로이며, 역시 밸브에 의해 제어한다.

② GM 열전 발전기(Thermo Electric Generator)

GM은 제너럴 일렉트릭(GE)과 협력 팀을 구성하였으며, 배기 통로와 라디에이터 통로에 2개의 TEG 시스템을 배치한 것이다. 그러나 예상이 되듯이 냉각수 측의 온도는 배기 측 수준을 예상하지 못하여 효율이 떨어졌다.

BMW와 마찬가지로 분기된 배기 통로의 한쪽에 TEG 시스템을 통하며, 다른 한쪽은 바이패스 통로로 삼고 있다. 평균 350W, 최대 914W의 출력을 기록하였다. 350W의 출력은 현 상황의 올터네이터와 견주면 고속/시가지 주행에서 약 3%의 연비향상이 해당하는 것이 된다. 앞으로 더욱 개량하여 1% 더 향상을 노린다. GM은 2009년에 테스트를 거듭하여, 3년 이내의 제품화를 목표로 하고 있다.

GM측의 테스트 차량은 Chevrolet Suburban.
테스트 결과 5%나 되는 연비 개선의 데이터가 나왔다고 한다.

사진 좌측이 TEG 모듈. 사진 우측이 TEG 시스템 시험 제작
모델. 최대 출력 109W(16.5V/6.6A)의 결과를 얻었다. 제
품에서는 121W(17.4V/7.0A)의 사양을 목표로 한다.

열회수 에너지를 전력으로 바꾸어 배터리로

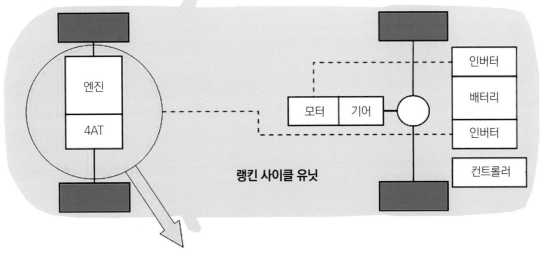

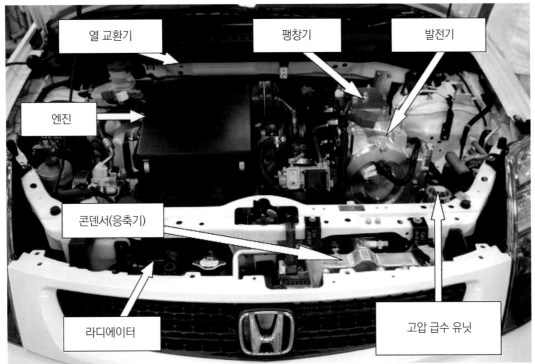

혼다는 하이브리드 카에 랭킨 사이클 시스템을 탑재하고 주행 테스트를 실시하여 2006년에 연구 성과를 발표하였다. BMW의 시스템은 열을 동력으로 변환하는 시스템이만 혼다의 시스템은 열을 전기 에너지로 변환하는 구성이다.

제동시의 감속 에너지로부터 회생한 전력과 더불어 폐열 에너지로부터 회생한 전력을 배터리에 충전하여 차량의 뒷부분에 탑재된 모터의 구동을 돕는다. 시험 차량은 2000cc 직렬 4기통 가솔린 엔진을 가로로 배치하여 탑재한 앞 2륜 구동의 미니 밴이며, 모터로 뒤 2륜을 함께 구동하면 4륜 구동이 된다.

랭킨 사이클 시스템은 모든 장치가 엔진 룸 내에 배치되어 있다. 작동의 매체는 순수한 물, 후방의 배기 포트 바로 아래에 배치한 촉매와 증발기를 일체화시켜 배기가스의 열만이 아니라 촉매 반응열까지도 이용하는 구성이다. 시동 직후의 난기성이 신경 쓰이는 부분인데 시스템의 소형 경량화에 도움이 되는 아이디어이기도 하다.

고압 급수 유닛에 의해 증발기로 보내진 물은 여기서 고압의 증기가 되어 발전기와 일체로 구성된 팽창기로 보내진다. 팽창기에는 작은 유량으로부터 출력이 가능한 특성을 갖는 경사판 액시얼 피스톤 형식을 채택하여 발전을 끝낸 물은 라디에이터와 에어컨 콘덴서가 배열된 차량의 전면에 병렬로 배치된 응축기로 향한다.

100km/h(엔진 출력 19.2kW, 에어컨 작동)의 상태에서 실시한 실제 주행 테스트에서는 팽창기 출력으로 2.5kW의 폐열 에너지를 회생하여 차량 적재 상태에서 엔진의 열효율을 28.9%에서 32.7%까지 향상시킨 데이터를 계측했다.

▶ 고속 주행 모드에서의 주행 테스트 결과

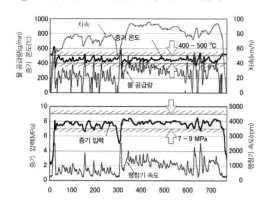

속도계 지침을 60~100km/h 사이로 유지하는 중부하의 연속 주행에서는 고온의 배기 열이 변함없이 얻어지기 때문에 적정한 증기 온도(400~500℃)를 유지할 수 있고, 결과적으로 최적의 증기 압력(7~9MPa)을 얻을 수 있다. 정상 주행에서 에너지를 회생할 수 있는 것은 HEV에서의 강점이다.

10-15 모드에서의 주행 테스트 결과

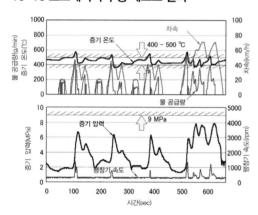

경사판 액시얼 피스톤 형식의 팽창기는 회전속도를 조작하여 압력 제어를 수행하는 기능을 갖고는 있지만 STOP & GO를 반복하는 사용 상태에서는 적정한 증기 온도와 최적의 증기 압력을 모두 얻는 것이 어렵다. 과도 추종성을 높이는 것이 랭킨 사이클 시스템의 과제이다.

100km/h 주행시의 에너지

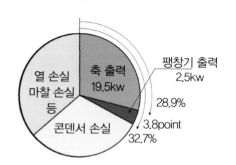

▶ 증기 온도 컨트롤 · 다이어그램

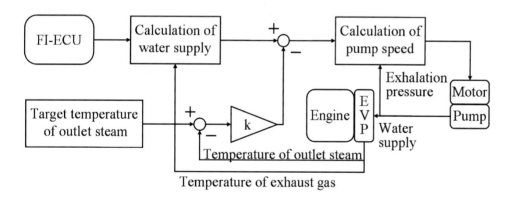

목표로 하는 증기 압력 온도에 도달하지 않는 경우는 증발기의 흡수량을 제한하여 온도를 컨트롤 한다. 고부하 연속 주행시 등에서 배기 온도가 높아져 증기 압력 온도가 목표값을 초월한 경우는 증발기의 흡수량을 증가시킨다.

▶ 증기 압력 컨트롤 · 다이어그램

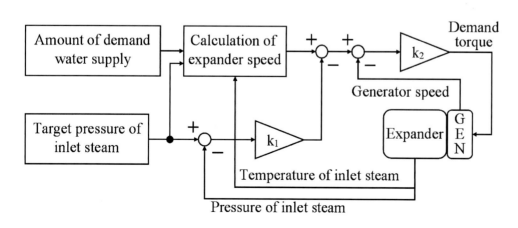

목표로 하는 증기압력(7~9MPa)으로 맞추기 위해 팽창기의 회전 속도를 제어하여 조정을 실시한다. 물 공급량이나 요구 토크, 증기 압력 온도, 증발기로부터 나온 증기의 온도 등으로부터 판단하며, 회생 효율을 높이기 위한 정책이다.

▶ 열 교환기의 효율 vs 배기가스의 에너지

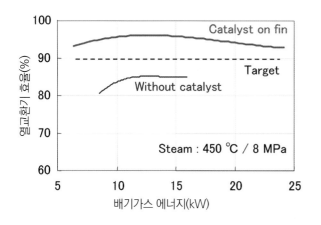

▶ 팽창기의 단면도

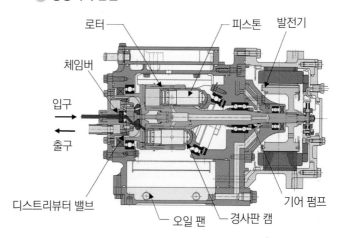

경사판 액시얼 피스톤 형식은 팽창비를 크게 할 수 있다는 점이 장점이다. 피스톤의 왕복운동을 회전운동으로 전환하여 같은 축 상의 발전기를 회전시킨다. 피스톤의 수는 홀수로 하는 것이 기본이다. 500℃, 8MPa시에 최고의 효율을 이끌어낸다.

실린더 직경 : 24mm
실린더 수 : 7
피스톤 피치 : 80mm
경사판 각도 : 20도
팽창률 : 14.7
최고속도 : 3000rpm

▶ 랭킨 사이클 시스템의 전체도

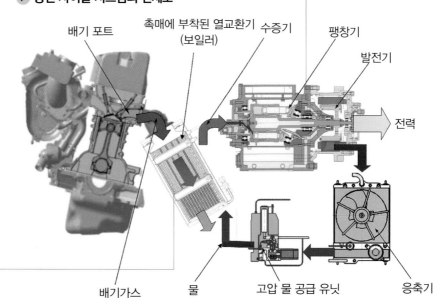

▶ 열 교환기 내의 온도 분포

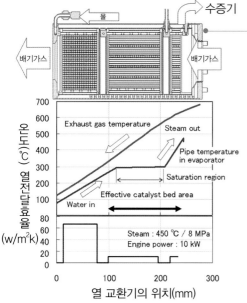

물은 열 교환기(증발기)의 하류에서 상류를 향해 흐른다. 증발기에 들어간 직후에 큰 열 교환을 실시하고 있는데 이것은 촉매를 활성화시킨 후의 열을 주로 이용하기 때문이다.

파이프와 핀의 구조

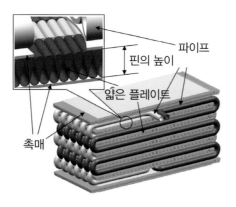

증발기는 소형 고효율의 파이프 & 핀으로 구성된 구조이다. 얇은 플레이트를 사이에 끼우고 핀을 적층시켜 구부러진 파이프가 각 층에 끼워진다. 촉매의 반응열을 이용하는 것으로 효율이 향상된다.

촉매 일체형의 증발기, 팽창기/발전기, 응축기, 고압 물 공급 유닛과 같은 랭킨 사이클 시스템을 구성하는 장치는 모두 엔진 룸 내에 탑재되어 있다(즉, 증발기나 열 교환기를 바닥 아래에 배치하지 않는 것이 특징). 고압 물 공급 유닛은 20MPa 이상 공급이 가능한 AC 서보 모터 구동의 플런저형 펌프부, 팽창기 내에 누설된 작동 매체를 윤활유로부터 분리 재생하는 컴프레서부 및 작동 매체를 저장하는 탱크부로 구성된다. 실제 주행 테스트의 결과 거듭된 열효율의 향상과 구성 장치의 소형 경량화가 과제라고 혼다는 인식. 효율 향상에 관해서는 증발기에서 증기 생성량의 증가 팽창기의 팽창비 증대에 의해 이론 효율의 향상, 팽창기의 손실 저감(누설 손실/마찰 손실/열 손실)을 과제로 들고 있다. 하이브리드 카와 조합한 다음에 기대하고 싶어지는 연구 내용이다.

④ 열전 발전 자동차

Thermo Electric Generation Vehicle

오사카 산업대학 공학부의 야마다 오사무(山田修) 교수와 학생 그룹이 개발한 열전 발전 자동차(TEGV)가 2008년 5월에 완성했다. 도시바의 열전 모듈 [Gigatopaz]와 린나이의 고부하 가스 연소기를 조합하여 전기 에너지를 생산한다. 최고 시속은 20km/h, 1인승. 2시간 정도의 주행이 가능하다. 미래에는 CFRP(Carbon Fiber Reinforced Plastics)에 의한 경량화나 시스템의 효율 향상을 노리며, 100km/h를 목표로 한다.

전장	2080mm
전폭	1100mm
전고	770mm
휠 베이스	1220mm
차량중량	96.5kg
차량정원	1명
동력원	TEG(gigatopaz 6직렬 2병렬)
최고 출력	150W
연료 종별	모의 바이오가스(부탄, 프로판)
연료 봄베 용량	4.700cc

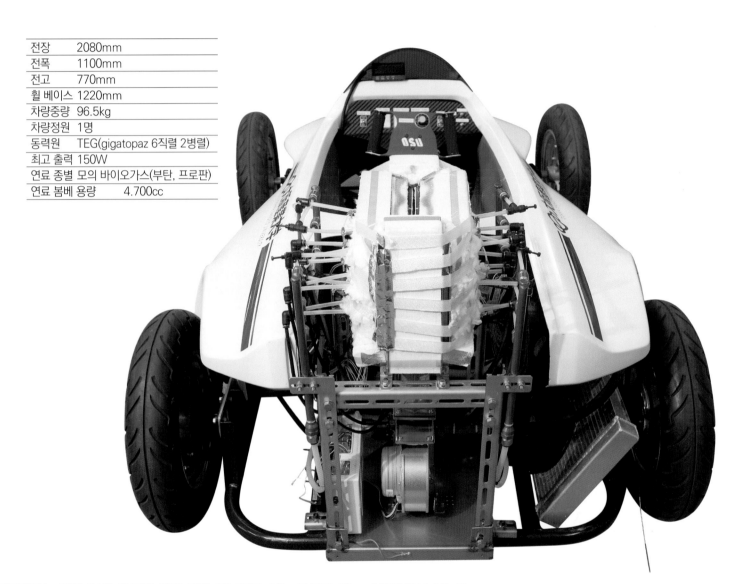

지금까지는 열전 변환 재료에 따라 전기 에너지를 얻는 구조를 해설해 왔는데 그 전기 에너지를 주동력으로서 직접 이용하는 즉, EV(Electric Vehicle)를 만드는 것을 결심하고 실행에 옮긴 것이 오사카 산업대학의 야마다 오사무 교수이다. 야마다 교수는 재료 과학을 전공했기 때문에 열전 변환 재료의 자동차에 대한 응용과 가능성에 착안, 세계에서 최초로 [열전 발전 자동차(TEGV)]를 개발하였다.

오사카 산업대학은 지금까지도 FCV(Fuel Cell Vehicle)나 SOLAR CAR, 건전지만으로 주행하는 자동차 등 첨단기술의 자동차에 대한 가능성을 모색해 온 많은 경험을 가지고 있다. EV이기 때문에 구조는 매우 간단하며, TEG(Thermo Electric Generation)로 발전하여 리튬이온 배터리에 저장하고 그 전력으로 모터를 회전시켜 추진력으로 삼는다.

TEG는 고온측은 린 나이의 협력에 의해 제작된 고부하 가스 연소기가 열을 전달하고, 저온측은 냉각수에 의해 온도 차이를 발생시킨다. 번거로웠던 것은 저온 측의 온도 확보였다. 고온 측의 열이 순식간에 저온 측으로 전달되는 것이다. 공기 냉각으로는 도저히 감당할 수 없으므로 수냉식으로 하고 있는데 라디에이터의 용량(즉, 수량)을 크게 하면 차량 중량도 증가되고 방열을 위한 팬 모터도 커지므로 또 다른 전력을 필요로 하게 된다.

속도도 높지 않기 때문에 주행 시에 받는 바람으로 방열도 기대할 수 없다. 결국 열을 버리고 있는 것이기도 하다. 밸런스를 유지하는 것이 어렵고 앞으로는 TEG 시스템의 효율 향상이 과제가 된다고 야마다 교수는 말한다.

▶ structure of TEGV | 구조

라디에이터

라디에이터는 우측 뒷바퀴 부분에 설치된다. 진행방향에 대해 직각으로 배치되어 있기 때문에 냉각팬이 설치되어 있다

컨트롤러

연소기 옆에 설치되는 연소기용 컨트롤러이다. 가스 급탕기기의 연소제어 기술을 응용하였다.

모터

모터는 직류식. 좌측 뒷바퀴 부분에 세팅되어 체인으로 구동한다. 휠은 10인치의 경량인 것을 사용하며, 타이어는 스쿠터용이다.

봄베

좌측 뒷바퀴 앞에 설치. 지금은 모의 가스(부탄/프로판)를 사용하는데 미래에는 고온 가열 수증기 발생 시스템에 의한 초목(草木)계 바이오가스를 고려.

배터리

좌측 전후륜 사이에 설치되는 리튬이온식 배터리. 동력원의 모터와 더불어 라디에이터 냉각팬과 연소기 컨트롤러를 가동시킨다.

고부하 가스 연소기

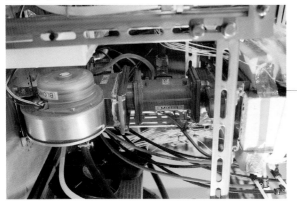

린나이가 만든 특제 연소기. 일반 곤로 3배의 출력(7~11kW)을 예측하여 제작되었다. 예혼합에 의한 전1차 연소방식의 채택으로 소형이면서 고부하의 연소를 가능하게 하였다.

열전 변환 유닛

도시바의 열전 변환 모듈 [Gigatopaz]을 12개(6직렬 2병렬)를 탑재한다. 금속 플레이트를 연소가스로 가열하고 모듈을 작동시키는 구조이다. 저온 측은 냉각수에 의한다.

조종석

차량을 작고 가볍게 만들기 위해 조종석도 작게 만들어졌다. 스티어링 중앙의 손잡이는 스로틀이다. 3개가 배치된 미터는 좌측에서부터 TEG 전류, 전압, 모터 전류계.

도시바 · Gigatopaz

도시바의 [기가토파즈]는 1개로 40W를 발전(온도차 685℃에서 7.4V/5.4A). 내열성 금속 커버의 패키징 구조인데 고온에서 사용할 때의 산화 등 열화를 억제한다. 출력의 밀도는 3.89W/cm² 로 세계 최고(실효 면적 기준). 700℃의 고내열성을 가지며, 여러 개를 이용하면 큰 출력을 내는 것도 가능하다. 사이즈는 3.6× 3.9cm. 무게는 약 30g.

4 배기 열을 열 그대로 사용

히트 컬렉터 시스템 Heat Collector System 열을 열 그대로 사용

방충열을 가장 능률적으로 사용하는 방법은 열을 그대로 활용하는 것이다.
[필요한 열]을 [불필요한 부분]으로부터 회수하는 구조와 그 효능이란?

1 SANGO · 히트 컬렉터 시스템

배기가스가 가지고 있는 열을 냉각수에 전달 회수하여 재이용한다[배기가스 열 회수기]. 기존의 배기가스 열 회수장치는 열 교환의 경로를 별도로 배치하여 난기를 끝낸 후에는 바이패스시키는 방법을 이용하였지만 시스템의 규격이 과제가 되었다. 이 히트 컬렉터 시스템은 바이패스 통로와 열 교환의 경로를 동심원 상에 배치함으로써 축 방향의 소형화를 실현했다.

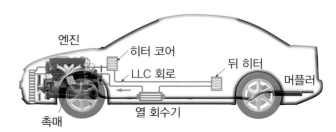

배기가스 열 회수기는 촉매의 바로 뒤 부근에 배치되는 경우가 많다. 가능한 배기가스의 온도가 높은 곳에서 좋은 효율로 배기가스 열을 회수하기 위함이다. 이 SANGO의 시스템은 시험 제작품이지만 기존의 제품에 비교하여 압력 손실이 1/3, 열 교환의 성능이 2배, 치수, 질량, 가격이 1/2인 고성능 부품이다.

중앙부의 파이프가 통상의 배기가스 통로이다. 주위에 파도 모양 부분의 중앙 측이 열 교환용의 배기가스 경로이며, 바깥쪽이 냉각수 통로이다. 엔진의 시동 직후에는 우측 끝의 버터플라이 밸브가 닫혀 있기 때문에 배기가스가 통상의 통로에 설치된 구멍에서 바깥쪽의 열교환용 통로로 흘러들어 냉각수에 열을 전달한다. 냉각수가 규정의 온도에 도달하면 버터플라이 밸브가 열려 배기가스는 통상의 중앙 통로로 흐르게 된다.

Heat Collect Purpose(열 회수 효과) 1

▶ 난방 성능 | 소비전력의 저감으로 연비 저감

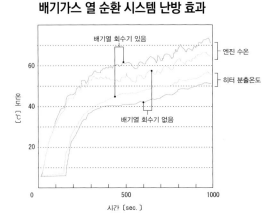

난방효과

배기가스 열 순환 시스템 난방 효과

방출 열 회수 시스템과 전기식 히터의 성능을 비교하였다. 좌측의 그림은 엔진의 배기량에 따른 효율을 비교하기 위해 히터 측도 발열량을 2종류 준비하여 비교한 것이다. 결과는 정확하며, 배기량이 적은 엔진의 자동차에서도 500W 히터에 해당하는 정도의 난방 능력을 발휘하고 있다. 난방 시에 이 만큼의 전력이 불필요하므로 연비에 대한 악영향의 저감도 기대할 수 있다.

우측의 그림은 시스템의 유무에 따른 엔진의 냉각수 온도와 히터의 분출 온도와의 관계를 조사한 결과로 시동 후 300초 부근까지는 그다지 현저한 차이는 볼 수 없지만 시스템이 있는 경우 그곳에서부터 500초까지의 사이에 차이가 넓어지고, 분출 온도는 50℃에 도달하기까지의 시간이 약 절반으로 줄었다. 엔진의 냉각수 온도도 500초 부근에서 이미 60℃를 넘었으며, 난기 시간의 단축 효과가 실증되었다.

Heat Collect Purpose(열 회수 효과) 2

▶ 연비 성능 | 난기 시간 단축에 의한 연비 향상의 효과

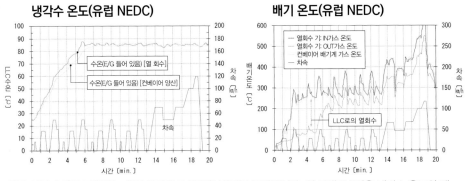

냉각수 온도(유럽 NEDC)

배기 온도(유럽 NEDC)

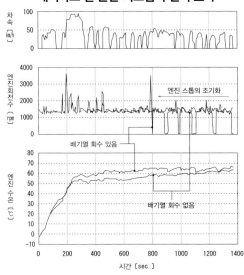

배기가스 열 순환 시스템의 연비 효과

냉간 시동 요건을 포함하는 유럽 모드에서 측정한 결과의 그래프이다. 위 그래프 2점은 냉각수 온도와 배기 온도의 추이를 나타낸 것으로 측정 조건은 외기 온도 25℃이다. 폐열 회수 시스템이 있는 경우 시간 축에서 2분을 넘긴 부근부터 시스템이 없는 것에 비해 냉각수 온도가 빠른 상승을 나타낸다. 80℃에 도달하기까지의 시간은 시스템이 없는 것에 비해 1분 정도 빠르다. 배기가스 온도는 시스템의 유무에 관계없이 입구측 온도의 추이는 거의 같다. 그러나 시스템이 있는 경우 출구측의 온도에 큰 차이가 있다는 것을 알 수 있다. 이 차이가 즉, 회수되고 있는 열에너지의 크기를 나타내고 있다. 우측 그래프 3점은 EV 주행이 가능한 하이브리드 카를 사용한 비교이다. 보통의 차량은 엔진의 냉각수 온도가 60℃에 도달하기까지 800초가 소요되고 폐열 회수기가 있는 것은 400초 정도에 도달하는 것을 알 수 있다.

배기가스로부터 냉각수 통로의 열전도로 에너지를 회수

사실은 자동차용 배기가스 열 회수 시스템은 이미 실용화되었다. 배기가스의 경로 중에 엔진의 냉각수와 접촉하는 부분을 만들어 열전도에 따라 배기가스의 열을 냉각수로 회수하는 통칭 [히트 컬렉터]이다. 기본 구조는 SANGO 히트 컬렉터 시스템의 제품이 알기 쉽다. 파이프의 내부가 동심원 형태의 3중 구조로 되어 있다고 생각하면 좋다. 가장 안쪽이 통상의 배기가스 통로이며, 바깥쪽이 냉각수의 통로, 그 사이가 열 교환용의 배기가스 통로이다.

현재, 실용화되어 있는 제품의 주목적은 난기 시간의 단축에 따른 연비 향상과 유해물질의 저감이다. 엔진의 워밍업을 빠르게 하여야 하는 상태에서는 통상의 배기 통로를 밸브 등으로 닫고 배기가스를 열교환용 통로로 유도한다.

이 상태에서는 압력 손실이 커지게 되는데 난기가 끝나기까지의 시간은 엔진의 회전속도를 그다지 높이지 않기 때문에 특별한 단점이 되지는 않는다. 난기가 종료되면 배기가스 통로를 통상의 통로로 되돌려 압력의 손실을 줄이고 소정의 엔진 성능을 발휘시킨다. 비교적 간단한 구조이며, 좋은 효능을 얻을 수 있는 것이 특징이다.

기구적으로 배기가스의 열량이 효율에 영향을 미치기 때문에 엔진의 배기량이 클수록 효과가 높아진다. 연비 향상의 효과는 EV 주행이 가능한 하이브리드 카에 조합한 경우는 겨울철의 난방을 위한 엔진의 시동 시간을 줄일 수 있는 효과가 되므로 8% 정도로 양호한 수준이다.

보통의 가솔린 엔진 자동차나 디젤 엔진 자동차에서도 난기 시간의 단축에 의해 3~4% 정도의 개선이 가능하다. 배기가스 열 회수를 위한 시스템으로서 이미 실적을 쌓고 있는 점이 강점이다. 앞으로는 회수한 열의 용도를 어떻게 넓혀갈 것인가가 핵심이 된다.

② 토요타 | Estima hybrid(2006)

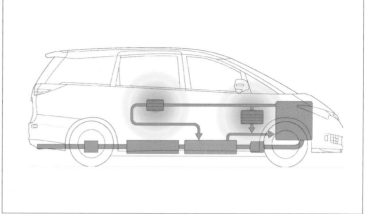

배기가스 열 재순환 시스템

Estima hybrid에 채용된 [배기가스 열 재순환 시스템]은 배기가스의 열을 이용하여 엔진의 워밍업(냉각수 온도 상승)에 소요되는 시간을 단축하기 위한 장치이다. 구조는 앞에서 소개한 SANGO의 것과 동일하며, 배기계통에 냉각수와 접촉하는 부분을 만들어 배기가스의 열을 적극적으로 냉각수에 전달한다.

배기가스의 경로 제어는 액추에이터를 사용한다. 냉각수 온도가 적정 온도까지 상승하는데 필요한 시간, 즉 난기 시간을 단축하는 것으로 저온 상태에서 특유의 마찰 손실을 저감시키고 또한 가능한 조기에 EV 주행이 가능한 상태가 되도록 한다.

또한 난방이 유효하기까지 시간의 단축과 EV의 주행시나 정지시에 난방만을 위해서 엔진을 작동시킬 필요를 없앴다. 이러한 것에 의해 겨울철 연비를 약 6%의 향상을 이루었다.

③ 시트로엥(Citroen) | C4 PICASSO(2006)

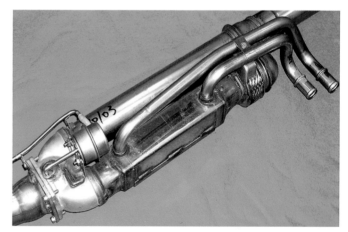

Citroen C4 PICASSO의 디젤 엔진을 탑재한 자동차에도 배기계통에서 냉각수로 열을 전달하는 배기 열 회수기가 채용되어 있다. 단, 디젤 엔진은 배기가스의 온도가 낮고 열 회수 효율에서는 불리하기 때문에 포스트 인젝션으로 배기가스 온도를 높이는 제어가 이루어지고 있다. 이러한 것으로부터 알 수 있듯이 시스템의 주목적은 적극적인 연비 개선의 효과가 아니라 난방 능력의 강화에 있다. 한냉지용 등에 옵션 장비가 되는 전기 히터가 보 조 히터를 대신할 수 있는 것과 같은 것이다. 그러한 히터를 사용하는 경우와 비교하면 발전 부하만큼 연비가 악화되는 것을 방지하는 효능도 있다. 시스템은 FORCIA사에 의한 것.

북미 사양의 프리우스에는 덴소 Tiger Corporation과 공동 개발한 냉각수에 의한 방출 열 회수 및 축열 시스템(Coolant Heat Strage System)이 탑재되어 있다. 주행 중에 적정 온도까지 상승된 냉각수를 엔진 룸 내에 설치한 진공 단열 온수 탱크(Coolant Heat Strage Tank)에 축적해 둔다.

탱크는 스테인리스로 만들어진 것으로 마법병 구조로 되어 있으며, 용량은 3000cc이다. 엔진을 시동한 직후 등 엔진이 저온인 상황 하에서는 온수 탱크 내에 축적된 온수를 냉각수 통로로 적절하게 방출하여 냉각수의 온도 상승을 빨리하고, 난기 시간을 단축함으로써 배기가스 및 연비 성능의 개선을 도모하고 있다. 시스템을 탑재하지 않은 자동차에 비해 연비를 약 1.5% 개선하였으며, 유해 물질의 배출량을 약 14% 저감할 수 있었다

냉각수 드레인 플러그
출구측 온도 센서
워터 펌프

수온 센서
(엔진 제어시스템용)
히터 코어로
워터 펌프(히터용)
냉각수 유량 컨트롤 밸브
온수 탱크
수온 센서(온수 탱크용)

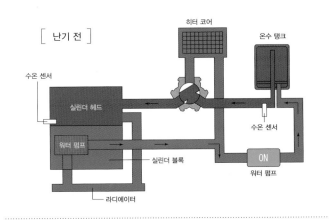

로터리 밸브
온수 탱크
모터
히터 코어
엔진

좌측 그림은 시스템의 전체 구성도이다. 온수 탱크는 엔진 룸의 진행방향 우측에 배치되며, 냉각수 통로, 히터용 통로에 배치되어 있다. 우측은 온수 탱크와 냉각수 통로 사이에 배치되는 [냉각수 유량 컨트롤 밸브]의 구조이다.

난기 상태나 냉각수 온도에 따라 내장의 로터리 밸브가 회전하며, 그 위치에 따라 온수 탱크와 히터, 냉각수 통로 사이의 절환을 제어하여 최적의 상태를 유지한다.

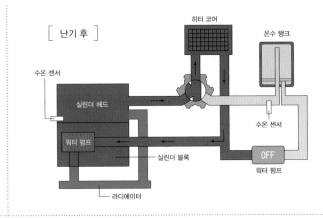

[난기 전] / [난기 후]

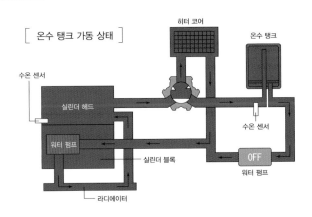

[온수 탱크 가동 상태] / [온수 탱크 OFF]

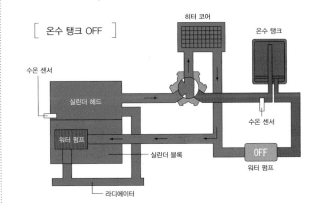

축열 시스템(Coolant Heat Strage System)의 작동 설명도이다. 좌측 위 그림은 엔진 시동 직후 등 난기가 필요한 상태이다. 로터리 밸브에 의해 히터 코어로의 통로를 닫고 온수 탱크 내의 온수를 엔진으로만 공급한다. 우측 위 그림은 난기가 종료된 상태로 냉각수는 엔진과 히터 사이에서만 순환한다.

좌측 아래 그림은 충분히 난기가 완료된 상태로 밸브 위치를 절환하여 워터 펌프를 작동시킴으로써 온수 탱크에 온수를 계속 공급한다. 주행을 종료하고 엔진을 정지시키면 밸브 위치에 따라 온수 탱크는 밀폐시스템이 되어 온수를 보존한다.

가솔린 연료장치

① 엔진의 요소 기술

앞으로도 당분간 엔진은 자동차 동력원으로서 계속 자리를 유지하게 될 것이다.
그렇기 때문에 더욱 효율을 향상시켜 연비를 개선하는데 기여할 "의무"가 있다고 해도 좋을 것이다.
먼저 엔진을 구성하는 부품들의 역할과 어떻게 효율 향상에 기여하는지를 정리하였다.

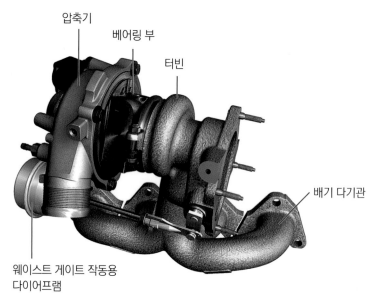

압축기
베어링 부
터빈
배기 다기관
웨이스트 게이트 작동용
다이어프램

과급(터보차저)

연소실 안으로 많은 공기를 보내고 싶어도 기통 당 체적에는 적절한 양이 있고 기통수를 증가시키면 기계적인 마찰 저항이 증대된다. 그래서 개발된 것이 과급 기술이다. 특히 배기가스에서 회수한 에너지로 압축기를 작동시키는 터보차저는 효율 향상의 주요 품목 가운데 하나이다.

● VW I 1400cc TSI

**직렬 4기통 DOHC 직접분사
슈퍼차저 + 터보차저**

2005년에 「TSI」라는 이름으로 시장에 투입된 1400cc 직렬 4기통 엔진에 터보차저와 슈퍼차저 두 종류를 탑재한 엔진이다. 엔진의 본체는 시내 주행에 적합한 속도나 저부하 정속 상태에서 필요한 토크를 얻을 수 있는 정도의 배기량으로 설정하여 저항과 중량을 줄였다.
고부하 상태에서 필요한 흡기량은 터보 과급으로 얻고 있으며, 중저부하 영역에서의 가속 등에는 슈퍼차저를 작동시켜 응답성을 높이고 있다. 다운사이징 개념을 충실히 구현한 구성이다.

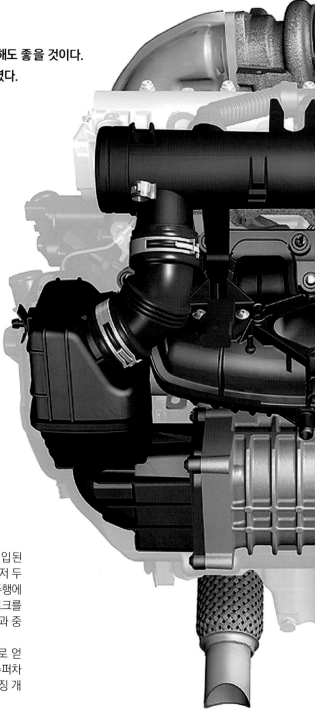

실린더 내 직접 연료분사

연료를 기존과 같이 흡기 포트에 분사하는 방법으로는 무화(霧化) 과정에서 포트의 벽면에 달라붙어 증발하는 양을 제어할 수 없다. 연소 제어를 더 효율적으로 하기 위한 목적으로 실린더 내에 직접 분사하여 연료량을 엄격하게 제어한다. 기화 잠열(氣化潛熱)로 인해 혼합기의 온도가 내려가기 때문에 압축비도 높일 수 있다.

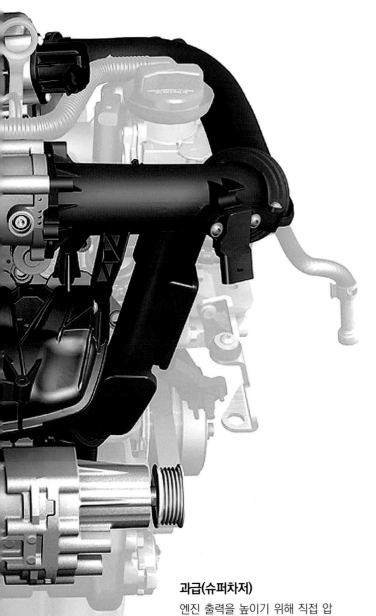

과급(슈퍼차저)

엔진 출력을 높이기 위해 직접 압축기를 구동시키는 과급기가 슈퍼차저이다. 터보차저의 약점인 터보의 응답 지연이 없으며, 상용 영역에서 과급 효과를 쉽게 얻을 수 있다는 점이 특징.

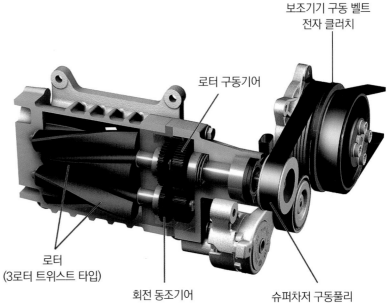

보조기기 구동 벨트
전자 클러치

로터 구동기어

로터
(3로터 트위스트 타입)

회전 동조기어

슈퍼차저 구동풀리

FORD | ECO-BOOST ENGINE
3.5ℓ V6 DOHC 직접분사 터보

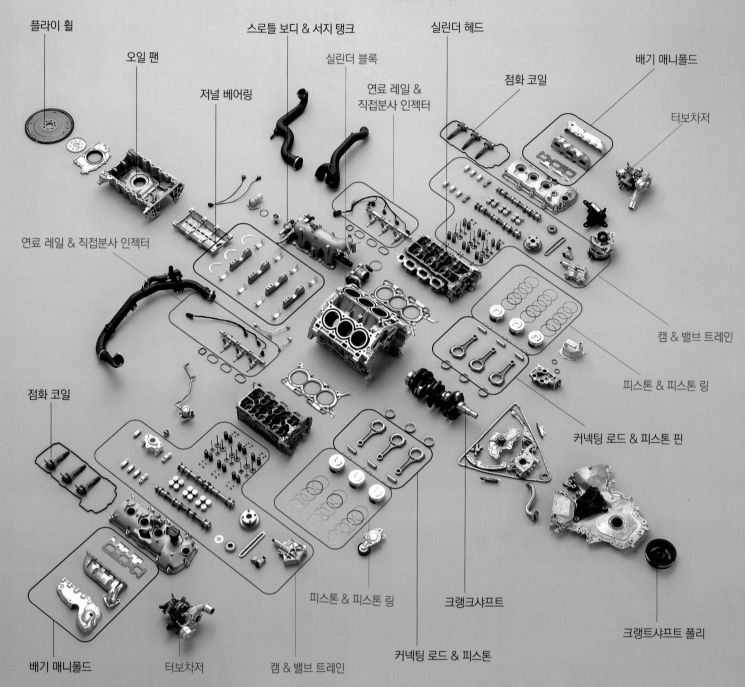

플라이 휠
오일 팬
스로틀 보디 & 서지 탱크
실린더 블록
실린더 헤드
배기 매니폴드
저널 베어링
연료 레일 & 직접분사 인젝터
점화 코일
터보차저
연료 레일 & 직접분사 인젝터
캠 & 밸브 트레인
피스톤 & 피스톤 링
점화 코일
커넥팅 로드 & 피스톤 핀
배기 매니폴드
터보차저
캠 & 밸브 트레인
피스톤 & 피스톤 링
크랭크샤프트
커넥팅 로드 & 피스톤
크랭트샤프트 폴리

「아직 20% 정도는 더 줄일 수 있을 것으로 생각한다」. 이번 취재를 하면서 많은 엔진의 기술자들이 이구동성으로 말한 앞으로의 내연기관의 효율 향상에 관한 최신 전망이다.

내연기관의 최대 과제는 앞으로도 그리고 과거에서도 그랬듯이 변함없이 「같은 양의 연료로 더 많은 양의 운동 에너지를 끌어내는 것」이다. 바꿔 말하면 「효율의 향상」이라고 할 수 있는데 이를 위한 방법론도 명확하다. 즉 「더 양호한 연소의 실현」과 「작동 중 발생하는 각종 저항의 저감」이라고 해도 좋을 것이다. 이를 달성하기 위한 방법도 의외로 단순하게 느껴진다.

연소에 관해서라면 「실린더 안에 가능한 한 많은 공기를 집어넣고 가능한 한 연소하기 쉬운 상태로 연료를 넣어주고, 가능한 한 강하게 압축한 상태에서 착화시키는 것」이라고 정리할 수 있다. 화제를 모은

HCCI(Homogeneous Charge Compression Ignition)도 이를 추구하는 과정에서 개발된 연소 방식 중 하나이다.

작동 저항을 감소시키는 문제도 「접촉부분의 마찰을 줄이는 것」, 「관성 질량을 저감시키는 것」등 기본적인 것으로 중복이 된다. 자동차 한 대를 구성하는 부품 수는 약 30000~50000개 정도라고 하는데 특히 엔진은 구성 부품의 개수가 대표적으로 많은 장치이다.

위 사진은 포드의 V형 6기통 엔진을 조립하기 전의 상태로 분해한 것으로 이들 부품 전체에서 제각각 1%만 무게를 줄이고, 1%만 접촉 저항을 줄이겠다는 생각만으로도 작동 저항을 저감시키려 하는 중요성을 이해할 수 있을 것이다. 「아직 20%」라는 말을 해석해 보면 연소에 관련된 15%, 저항의 저감에서 5% 정도의 비율을 뜻한다. 여기서부터는 이것을 달성하기 위한 과제와 최신 요소 기술에 관해 설명하도록 하겠다.

실린더 내 직접 연료분사 / 포트 분사

혼합기가 가장 잘 형성된다는 이유로 주류를 이루었던 포트 분사를 대신해서
가솔린을 실린더 내에 직접 분사하는 엔진이 증가하고 있다. 그 장점은 무엇일까?

① 실린더 내 직접 연료분사(DI : Direct Injection)

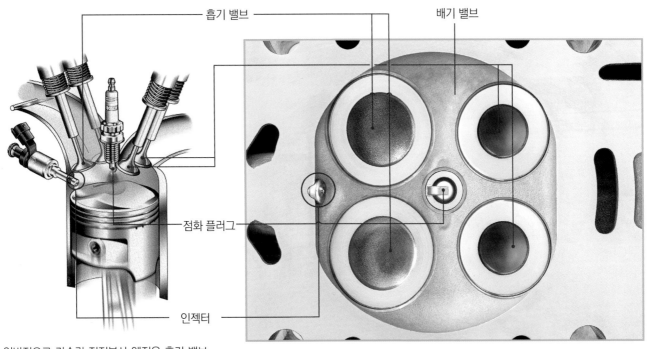

흡기 밸브
배기 밸브
점화 플러그
인젝터

일반적으로 가솔린 직접분사 엔진은 흡기 밸브 바로 아래의 중간 지점에 인젝터 노즐의 분공 위치를 설정하고 있다. 인젝터 노즐의 분공 위치의 배치에 따라 얼마나 효율적으로 흡기를 냉각할 수 있는지가 효율을 향상시키는 열쇠이다.

전형적인 4밸브 배치의 펜트루프형 연소실(pent roof type combustion chamber)에서의 직접분사 예. 인젝터의 노즐이 화염에 직접 노출되는 등 PFI(Port Fuel Injection)에서는 발생하지 않았던 과제도 있지만 이런 과제의 대부분은 디젤 엔진에서 축적된 기술을 응용함으로써 해결할 수 있는 종류이다.

가솔린 직접분사 엔진의 역사는 오랫동안 지속되어 왔으며, 항공기용 엔진에서는 제2차 세계대전 중에 실용화되었다. 자동차 엔진용으로는 1954년 메르세데스 벤츠 300SL에 기계식 연료분사 장치가 최초로 장착 실용화되었다.

오토 사이클 엔진을 「가솔린 엔진」으로 성립시킨 중요한 장치 중 하나가 1893년 빌헬름 마이바흐가 고안한 「기화기(Carburetor)」이다. 기화기 덕분에 내연기관을 액체 연료로 작동시키는 것이 가능해졌다.

오랫동안 자동차 엔진용 연료 공급 장치의 왕좌를 차지해 왔던 기화기가 1970년대 후반 이후 점차 EFI(Electronic Fuel Injection)로 바뀌게 되었다. 목적은 연소의 개선에 따른 연비 성능의 향상과 배기가스 규제에 대응하기 위해서이다.

다양한 주행조건이나 환경조건 하에서 배기가스 규제를 맞추기 위해서는 항상 삼원 촉매를 최대한 이용해야 한다. 그 때문에 연소 상태가 특정 조건에서 벗어나지 않도록 연료의 공급량을 엄밀하게 제어할 필요가 있으며, 기화기의 기계 구성으로 는 제어가 곤란했다.

그리고 1990년대 후반, 다시 세계적으로 강화되는 배기가스 규제에 대응하기 위해 새로운 연료 공급 장치가 등장했다. 디젤 엔진과 같이 실린더 내부에 직접 가솔린을 분사하는 통칭 「가솔린 직접분사」방식이 그것이다.

선구자가 된 미쓰비시 자동차의 4G63-GDI형 엔진은 희박한 혼합기에서 안정적으로 연소시킬 목적으로 성층 연소(혼합기 전체 가운데 공연비가 다른 부분이 층 형태로 존재하는 상태에서의 연소)를 실용화하기 위한 수단으로 직접분사를 채용했다. 최대 분사압력 5MPa

큰 배기량인 V8 기통 엔진 등을 교환하기 위해 연비 20% 향상, CO_2 배출량 15% 저감을 목표로 한 엔진이다. 3500cc V6 기통 엔진으로 한쪽 뱅크마다 터보차저를 장착하고 있다. 가장 효과적인 사양에서는 최고 출력 365ps/5500rpm, 최대 토크 48.4kgm/3500rpm을 발휘한다.

연료 레일

V6 기통 엔진의 한쪽 뱅크용이기 때문에 레일 1개당 인젝터는 3개. 펌프가 공급하는 연료는 안쪽 뱅크용 레일을 통과하여 바로 앞쪽의 레일로 공급되는 구조이다.

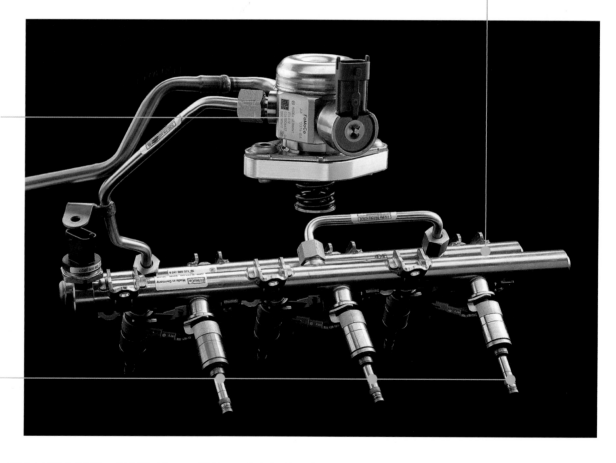

고압 연료 펌프

연료 공급 라인은 보쉬의 「DI 모트로닉 직접분사 시스템」시리즈가 기본이다. 디젤 엔진과 비교하면 요구되는 공급 압력이 한 단계 낮다. 싱글 플런저인 연료 펌프는 좌측 뱅크의 흡기 캠축에 의해 구동된다.

인젝터(분사 밸브)

인젝터의 최대 분사 압력은 120bar 정도로 다단분사에 대응. 연소 특성을 크게 좌우하는 분사 각도와 도달 범위, 1사이클당 2회의 분사 시기는 대규모 컴퓨터 시뮬레이션을 거듭하여 결정하였다.

의 인젝터에 의해 실린더 안에 분사된 연료는 특이한 헤드 모양을 한 피스톤의 상승으로 형성되는 텀블(tumble) 와류에 의해 공기와 혼합되면서 층을 형성해 간다. 점화 플러그 부근은 공연비가 농후한 층을 이루고 있기 때문에 착화 안정성을 확보하면서 전체 공연비를 최대 50 : 1 정도까지 희박하게 할 수 있다는 예측이었다.

그 후 토요타 등도 직접분사 희박연소 엔진을 투입하게 되는데 희박연소가 적용되는 운전 조건의 폭이 좁고 비용의 상승에 비해 실용 연비 향상의 폭이 작았던 점이나 농후한 층의 착화로 인한 카본 퇴적 등과 같은 문제, 심지어는 NOx 규제 강화 등의 사정으로 인해 가솔린 희박연소 직접분사 엔진은 서서히 줄어드는 분위기가 조성되었다.

그리고 2002년에 알파로메오가 「JTS(Jet Thrust Stoichiometric)」이라고 이름붙인 가솔린 직접분사 엔진을 시장에 투입하게 된다. JTS는 이론 공연비에서의 연소를 기본으로 한 직접분사 엔진이다. 종래의 포트 분사(Port Fuel Injection)와 마찬가지로 시동 직후나 출력의 공연비가 필요한 상황에서는 농후한 공연비를 이용한다.

ECOBOOST 엔진의 웜업(warm-up) 운전 연소

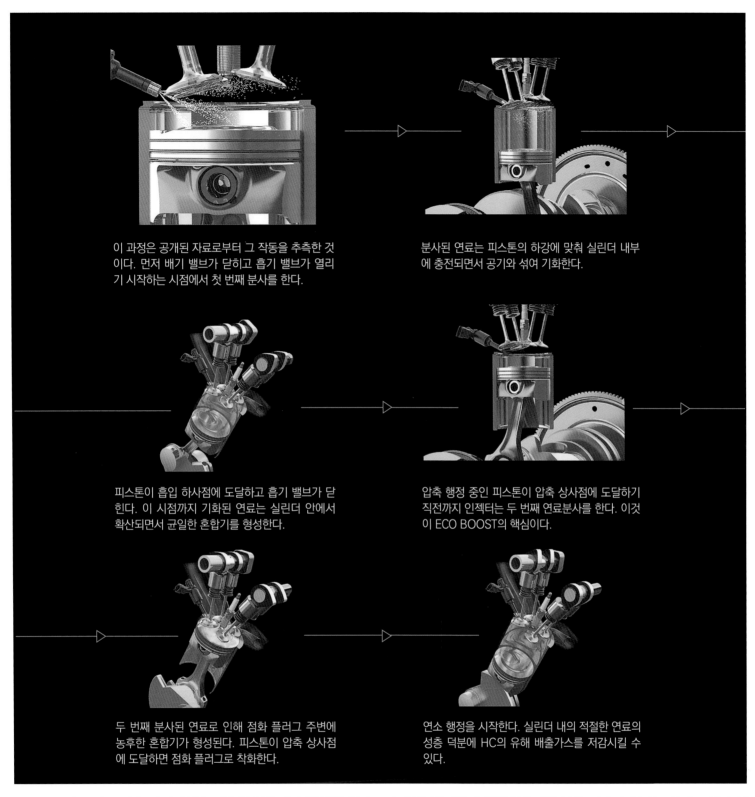

이 과정은 공개된 자료로부터 그 작동을 추측한 것이다. 먼저 배기 밸브가 닫히고 흡기 밸브가 열리기 시작하는 시점에서 첫 번째 분사를 한다.

분사된 연료는 피스톤의 하강에 맞춰 실린더 내부에 충전되면서 공기와 섞여 기화한다.

피스톤이 흡입 하사점에 도달하고 흡기 밸브가 닫힌다. 이 시점까지 기화된 연료는 실린더 안에서 확산되면서 균일한 혼합기를 형성한다.

압축 행정 중인 피스톤이 압축 상사점에 도달하기 직전까지 인젝터는 두 번째 연료분사를 한다. 이것이 ECO BOOST의 핵심이다.

두 번째 분사된 연료로 인해 점화 플러그 주변에 농후한 혼합기가 형성된다. 피스톤이 압축 상사점에 도달하면 점화 플러그로 착화한다.

연소 행정을 시작한다. 실린더 내의 적절한 연료의 성층 덕분에 HC의 유해 배출가스를 저감시킬 수 있다.

직접분사의 주된 목적은 기화잠열을 이용한 압축비의 향상에 있다. 흡기 행정의 후반에 연료를 분사하면 가솔린의 기화열로 흡기를 직접 냉각시킬 수 있다. 이론 공연비 가솔린에서는 계산상 혼합기 온도가 24℃ 낮아진다. 이것은 체적이 8% 줄어드는 것으로 달리 말하면 흡기량이 8% 증가된다는 것을 의미한다.

심지어 압축 행정 종반에는 혼합기의 온도가 55℃나 낮아진다는 계산이 나와 압축비 2를 높이는 것과 같은 효과를 가져 온다. 바꿔 말하면 무과급 엔진에서는 압축비 2을 높일 수 있고 과급 엔진에서는

노킹을 방지하기 위해 압축비를 낮출 필요가 없다는 의미로 어떤 식이든 토크를 높일 수 있음을 의미한다.

또한 PFI에서는 포트 벽면에 부착된 연료의 일부가 다음 사이클에서 실린더로 흡입되기 때문에 응답 지연이 발생하게 되는데 DI는 분사시기와 분사량을 비교적 자유롭게 제어할 수 있기 때문에 배기가스 규제의 대응이나 응답성 측면에서도 유리하다. 특히 과급과의 적합성이 양호하기 때문에 주류로 자리잡아갈 것으로 예상된다.

스프레이 가이디드(Spray-guided)

직접분사 기술의 새로운 흐름

가솔린 직접분사 엔진에서는 실린더 중앙부의 점화 플러그 부근에 인젝터 노즐을 배치하는 구조도 존재한다. 이 형식 가운데 실린더 헤드의 연소실 형상에 따라 분사된 연료가 확산하는 방향을 유도하는 형식을 「스프레이 가이디드」라고 한다.

가솔린과 공기가 혼합기를 형성하는 과정에서 피스톤 헤드의 형상에 의해 생성되는 와류로 인해 점화 플러그 주변에 농후한 성층 혼합기를 형성하게 된다. 이로 인해 혼합기 전체가 농후한 공연비 상태에서 안정된 연소가 이루어지도록 하기 위한 것이다.

목적이나 접근 방법이 21세기 초에 사라진 일본의 직접분사 희박 성층 연소 엔진과 비슷하지만 기류나 피스톤의 형상에 의존하지 않는다는 점이 새롭다. 이 때문에 예전의 희박 성층 연소 엔진처럼 극단적인 형상을 하고 있지는 않다. 200bar 정도의 고압분사로 인해 미립화된 혼합기를 가능한 실린더 벽면 등에 부착되지 않도록 유도한 결과 깨끗한 성층 희박 연소가 가능해졌다.

▶ MERCEDES BENZ | 350CGI(M272)
메르세데스의 새로운 직접분사 엔진

메르세데스 벤츠가 2006년에 발표한 「M272」형 스프레이 가이디드식 가솔린 직접분사 엔진은 보쉬 DI 모트로닉 제품들 가운데 피에조 (Piezo) 타입 인젝터 「HDEV4」를 채택. 최대 연료분사 압력 20MPa(200bar)로 다단 분사도 가능하다.

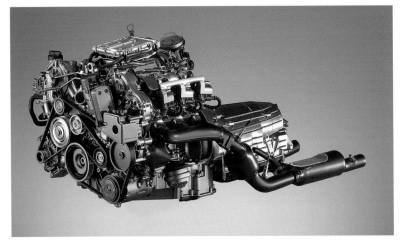

블록은 알루미늄제이며, V뱅크는 90도. 가변 밸브 타이밍 기구를 2중으로 건 캠축 구동용 체인을 이용하여 구동한다는 새로운 발상을 투입.

우측 뱅크의 위쪽 모습. 중앙의 대형 커넥터 3개는 인젝터의 전기 공급용이다. 그 바로 위에 있는 것이 연료 공급용 파이프이며, 바로 밑의 플렉시블 튜브(flexible tube)가 점화 플러그용 하니스이다. 외형만으로도 스프레이 가이디드 타입인 것을 판단할 수 있다.

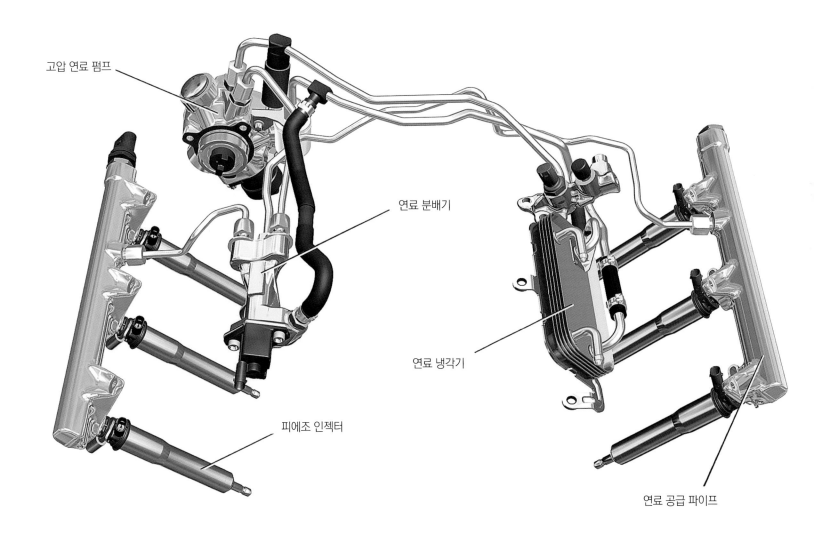

고압 연료 펌프

연료 분배기

연료 냉각기

피에조 인젝터

연료 공급 파이프

연료 공급 계통의 구성도이다. 인젝터의 설치 위치 때문에 연료 공급 파이프는 좌우 뱅크 각각의 실린더 헤드 위쪽에 위치하게 된다. 고압 연료 펌프는 보쉬의 「HDP5」를 사용하고 있으며, 공급 경로의 중간에는 연료 냉각기도 설치되어 있다.

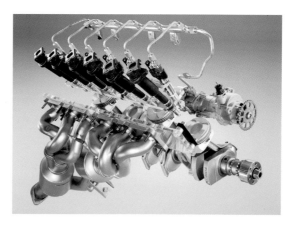

BMW가 2006년에 공개한 N53형 스프레이 가이디드 직접분사 엔진. 피스톤 헤드면의 얕은 캐비티(cavity)로 미립화된 혼합기를 유도한다. 연료는 흡기~압축행정 중에 3회 분사한다. 처음에는 흡기 냉각에 의한 충전효율 향상을 위해, 2회째는 혼합기 층을 원추 형태로 만들기 위해서이며, 3회째에서는 플러그 근처에 농후한 층을 만든다.

밸브 구동은 연속 가변 밸브 타이밍 기구인 「더블 VANOS」를 채택하였다. 희박 연소는 펌프 손실이 저감되기 때문에 똑같은 효과를 목표로 한 밸브트로닉을 채택하면 기능이 중복되기 때문이다. 다만 최신 이론 혼합비 직접분사 「N55」는 밸브트로닉을 채택하였다.

실린더 블록은 알루미늄 마그네슘 합금제이다. 세부적으로는 N54형보다 흡기 밸브 지름이 확대(30.6mm→32.4mm)되었다. 압축비는 12. 희박연소화와 함께 NOx 흡장환원촉매를 탑재하였고, HC가 많이 포함된 배기가스를 다시 재생하기도 한다.

연소실 형상

실린더 내부의 와류를 제어하기 위한 연구가 계속되고 있다.

오른쪽은 앞에서 소개했던 Eco Boost 엔진용 피스톤이며, 왼쪽이 전통적인 V6 기통 엔진용 피스톤이다. 피스톤 헤드는 역시 캐비티 주변의 볼록한 부분과 캐비티를 갖추고 있다. 연소 압력의 크기나 분포 차이 때문에 피스톤 스커트 부분의 형상도 크게 변경되어 있다.

GM Ecotec 엔진

2007년 모델인 폰티악 솔스티스GXP부터 채택하기 시작한 LNF형 가솔린 직접분사 엔진의 피스톤과 인젝터(사진은 2009년 모델용). 피스톤 헤드 면에는 예전의 미쓰비시 GDI 엔진의 가이드용 캐비티(cavity)를 갖추고 있다. 미쓰비시 GDI는 연소 압력의 분포나 중량의 언밸런스 때문에 생긴 문제도 보고되었다. 조금 긴 안목으로 지켜봐야 할 점이지만 CEA나 CFD에 의한 해석 기술이 나날이 진화하고 있는 오늘날에는 그런 문제까지 검토한 뒤에 채택하고 있다

BMW의 3000cc 직렬 6기통 이론 혼합비 직접분사식 N54형 엔진의 피스톤 및 연소실 주변이다. N54형은 정밀도가 높은 연료 직접분사 인젝터 노즐이 점화 플러그 부근에 설치되어 있다. 그 영향으로 피스톤 헤드의 캐비티는 약간 크게 형성되어 있다.

인젝터

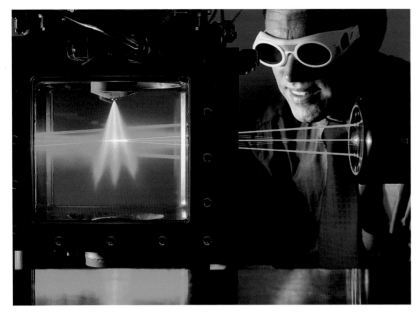

인젝터 노즐의 분공 지름, 분공의 수와 배치, 분사 압력 그리고 분사 패턴은 직접분사 엔진의 성능을 크게 좌우하는 열쇠이다. CFD(Computational Fluid Dynamic)의 해석과 함께 가시화 모델을 이용한 실측 실험이 반복된다.

피에조 인젝터

분사 제어용 기구에 압전소자(piezoelectric effect element)를 이용한 것. 반응이 빠르고 전류값에 대한 반응 정밀도도 높지만 고가이기 때문에 주로 고급 사양에 채택된다.

솔레노이드 인젝터

분사 제어용 기구에 전자석을 이용한 것. 반응속도 면에서는 피에조식보다 느리지만 가격을 포함한 종합 성능의 밸런스를 견주어 보면 호각을 이룬다고 할 수 있으며, 일반적으로 솔레노이드 인젝터를 채택하고 있다.

점화 플러그

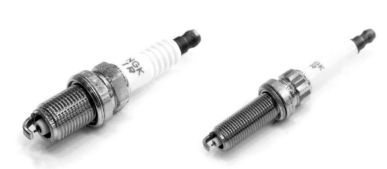

PSPE 플러그

접지 전극을 단축하여 중심 전극과의 오버랩 부분을 줄여 착화성능을 향상시킨다. 또한 접지 전극의 과열을 억제하여 고(高)압축에서 파손되는 현상에 대한 대책의 차원에서도 뛰어나다.

NTK HEX16 노멀리치

일반적인 엔진용 점화 플러그이다. 밸브의 협각이 약간 큰 PFI 엔진에서는 아직 이 형식을 많이 사용하고 있다. 오래 사용하기 위한 목적으로 전극의 소재로 이리듐 등의 채택이 진행되고 있다.

BI-HEX12 롱리치

밸브의 협각이 작은 엔진이나 고출력을 내기 위해 냉각수 통로(Water Jacket)을 크게 하려는 엔진 또는 스프레이 가이디드 형식 등 실린더 헤드 안에서의 점유 공간을 줄이고 싶은 경우에는 롱리치 형식이 사용된다.

분공의 수는 연료를 미세화 하는데 있어서 중요한 요소이다. 다만 「구멍을 6개 이상으로 증가시켜도 향상의 폭이 포화상태가 될 뿐」이라는 견해도 있다. 사진은 구멍이 6개인 형식이다.

② 포트 내 연료분사(PFI : Port Fuel Injection)

예전부터 주류였던 PFI도 기술개발이 진행되고 있다.
닛산과 토요타의 대응을 소개하겠다.

▶ NISSAN | DUAL INJECTOR

PFI의 새로운 가능성

닛산의 듀얼 인젝터는 분사 노즐이 2개라고만 생각한다면 그 의미가 상실된다. 아마도 애초의 발상은 2개의 흡기 밸브와 2개의 흡기 포트에 각각 인젝터를 설치하려는 시도였을 것이다. 즉, 연소실 직전에 합류해서 1개로 모아지는 사이어미즈(siamese)형 흡기 포트에서 어느 한쪽은 채택하지 않은 독립 포트의 형태이다.

따라서 한쪽의 밸브를 정지시키거나 각각의 밸브를 가변 제어함과 동시에 포트 마다 연료의 공급을 제어할 수 있다. 스월(swirl)과 텀블(tumble)을 자유자재로 만들어 내거나 직접분사가 아니면 불가능한 압축 행정 분사로의 도전도 가능하지 않을까라고 생각했으리라. 「왜 직접분사로 하지 않았을까」를 생각해 보면 그 원인 중 하나는 비용일 것이다.

VW 등 유럽 메이커들은 직접분사화를 하면서 연소 해석 및 개선과 함께 부품도 새로 설계하였다. 대량 생산으로 비용을 절감시킬 수 있다고 해도 이 시스템이 절대로 받아들여질 것이라는 확신이 없었다면 단행하지 못했을 것이다.

일본의 경우 축소하려는 의도는 유럽만큼 기름 값에 민감하지 않다. 직접분사 시스템을 작게 하려는 방향은 앞으로 10년 정도는 받아들여지지 않을 것이다. 듀얼 인젝터는 그런 시장을 향해 「효율」을 어필하는 좋은 방법이라고 생각한다. 닛산에서는 이런 방식의 엔진을 「전 세계적으로 전개할 것이다」라고 말하지만 유럽을 향해서는 직접분사라는 카드를 숨겨두고 있는 듯하다. 어느 쪽이든 주목이 가는 시스템이다.

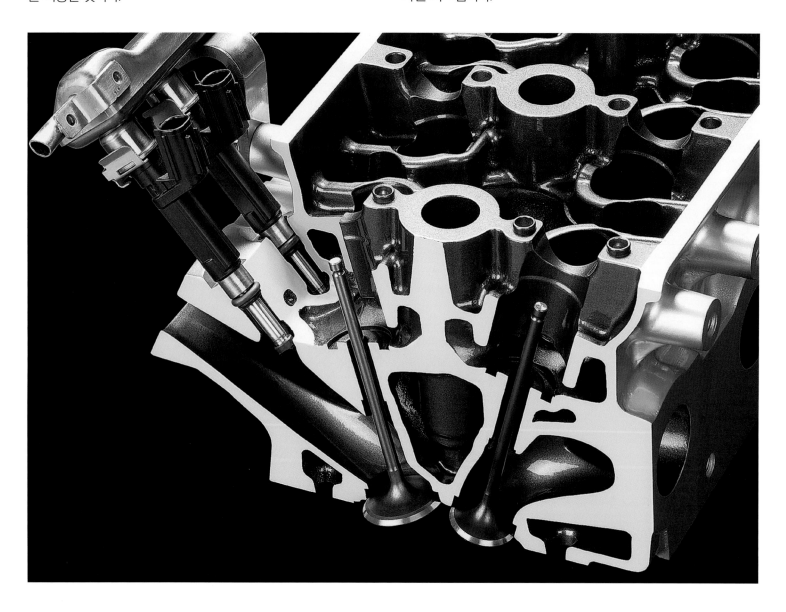

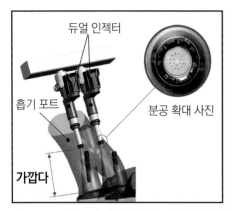

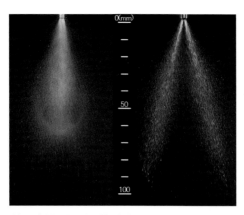

연료 공급 파이프에 직접 설치된 인젝터와 흡기 포트 및 분무의 개요이다. 이 그림에서는 분무가 독립되어 있다.

양쪽의 분무를 비교한 사진이다. 듀얼 인젝터의 분무는 넓은 범위로 희박하게 분사되는데「드라이 분무(dry mist)처럼 확산되어 간다」고 한다.

기존형 싱글 인젝터이다. 분무 입자의 지름이 크기 때문에 밸브로부터 먼 곳에서 분사하여 사전에 혼합의 효과를 노린다.

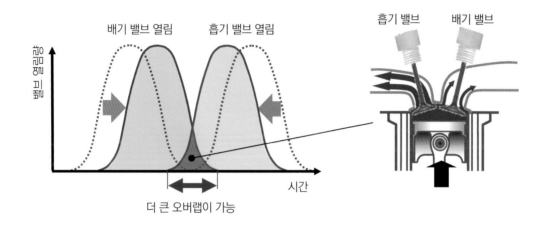

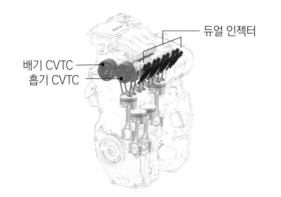

캠 위상 가변(位相可變)과 조합하면 더 큰 오버랩이 가능하다는 설명이지만 그것은 잠시 제쳐두더라도 종래부터 사용하고 있는 PFI의 연소실 형상을 그대로 계승할 수 있다는 점이 큰 장점일 것이다. DI에서는 전용의 연소실 설계가 필요하게 되고 당연히 그것은 비용을 상승시키는 요인이 된다.

예전에는 기화기(Carburetor)에 의한 연료 공급방식이 가솔린 엔진에서 사용되는 유일한 방법이었다. 이것은 공기가 흐르는 곳에 연료를 분무시켜 공기와 연료로 이루어진 혼합기를 실린더로 유도하는 방법이다.

현재의 시점에서 보면 과할 정도로 모든 것을 이끌어 주는 기화기는 정확한 연료 제어만 가능하다면 가장 우수한 연료 공급 시스템이라고 할 수 있다. 관련 기술의 진보에 따라 기화기에 가능성이 열리게 된 것은 2륜 자동차가 증명하고 있다.

그러나 전자제어가 자동차에 접목되기 시작한 80년대 초반 기화기는 「한물 간 기술」이라는 낙인이 찍히게 되었다. 대신 등장한 것이 작은 노즐에서 분무 하듯이 연료를 분사하는 인젝터 방식으로 흡기 포트 내에서 흡기 밸브에 근접한 곳으로 연료를 분사하는 방식이다.

현재도 이 PFI(Port Fuel Injection) 방식이 주류를 이루고 있다. 연료 제어 기술이 발전해 더 정확하게 「적당한 양을 적절한 시점에」분사할 수 있게 되면서 연비의 향상이 이루어졌다. 2개의 흡기 밸브와 2개의 배기 밸브에 의한 4밸브가 대다수를 차지하고 있는 현재는 2개의 흡기 포트에 연료를 분사하기 때문에 분무가 두 방

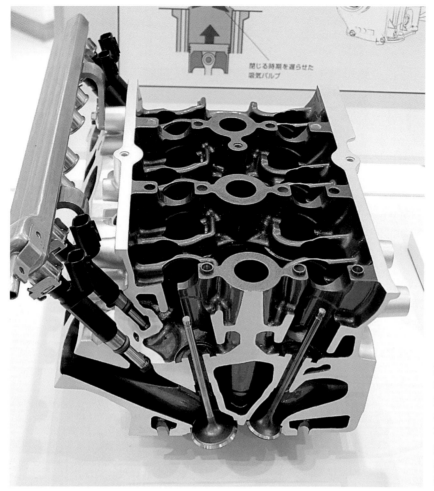

2009년 닛산의 첨단 기술 설명회에서 발표된 듀얼용 실린더 헤드이다. 여기에는 3기통밖에 없지만 처음에는 아마도 직렬 4기통으로 등장했을 것이다. 그리고 결국 흡기 포트는 완전 독립형이 되어 시차 분사나 2개 사이의 분사량 개별 제어도 가능해질 것으로 예상된다.

듀얼 인젝터

덴소가 만든 듀얼 전용 인젝터이다. 구멍 하나하나가 작게 만들어졌고 노즐 부분에 비해 보디도 소형화된 것처럼 보인다.

종래형 인젝터

이것은 종래형 인젝터 사진이다. 위 사진과 비교하면 그 차이를 잘 알 수 있다. 최대의 장점은 대량 생산에 의한 저가의 공급일 것이다.

향으로 나뉘는 형식의 인젝터가 보급되고 있다.

하지만 결점도 있다. 흡기 밸브의 스템(stem) 쪽으로 분사되기 때문에 흡기 포트의 벽면이나 밸브 뒷면에 연료가 달라붙게 된다. 배기가스 중의 산소 농도는 센서가 항상 감시하면서 연소할 때마다 그 결과를 연료 공급 시스템으로 피드백하게 되지만 벽면에 부착된 연료가 어느 시점에서 어느 정도가 연소실로 들어가는지는 예측하기 어렵다. 결국은 「결과」로부터 피드백하는 수밖에 없다.

이 결점을 보완하기 위하여 디젤 엔진처럼 실린더 안으로 분사하는 DI(Direct Injection)방식이 등장했지만 동시에 PFI 개량도 진행되었다. 인젝터의 개량, 연료분사 압력의 강화, 치밀한 제어 등 접근은 다양하게 이루어진다.

또한 토요타는 PFI와 DI를 병용하는 방식을 사용하고 있다. 그런 가운데 닛산은 인젝터 2개를 사용해 2개의 흡기 밸브마다 포트 안으로 분사하는 방식을 개발하였다. 1500cc급 엔진부터 적용될 예정이다. 아직 상세한 것은 밝혀지지 않았지만 이 방식을 잘 관찰해 보면 PFI에 의한 DI영역으로의 도전이라는 목표가 드러

DI와 PFI의 병용

2005년 2GR-FSE(3500cc-V6)에 탑재된 D-4S(Direct injection 4 stroke gasoline engine Superior version)는 세계 최초로 포트 분사(PFI)와 실린더 내 직접분사(DI)를 같이 사용한 시스템이다. 직접분사 엔진은 그 특성상 양호한 혼합기의 생성을 위해 기류를 와류로 만들 필요가 있다.

토요타의 이론 혼합비 직접분사·D-4는 흡기 포트에 스월 컨트롤 밸브(Swirl Control Valve, SCV)를 설치하여 가로방향의 와류를 발생시켜 이에 대처했지만 한편으로 밸브가 압력 손실을 일으켜 직접분사의 장점을 상쇄시키는 결과로도 이어졌다. 그런 단점을 없애기 위해 토요타는 SCV를 폐지하여 공기 유입량을 증대시켰다.

연소의 악화에 대해서는 PFI를 추가해서 전부하 성능의 향상을 도모하였다. 와류의 생성은 DI 분공에 2개의 선풍기 날개 모양을 한 「가로 더블 슬릿(slit)」을 장착하여 적절한 분무가 이루어지도록 하였다. 이런 것들로 인해 4500cc-V8급의 동력 성능을 향상시키고 3000cc 이상의 연비 저감을 가능하게 하였다.

에어플로 미터의 유입량에 따라 중저속 회전 영역에서는 PFI와 DI를 병용하고 고속회전 영역에서는 DI로만 전환하는 것이 기본 작동으로 되어 있다. 또한 유해 배출물 저감에도 크게 기여한다.

DI의 냉간시 촉매를 웜업할 때까지는 점화시기를 한계까지 지각(retard)시킬 수 있다는 점에서 PFI에 비해 우수하지만 반면에 시동시의 HC 배출량은 PFI보다 높다. 그래서 D-4S는 냉간 시동 직후와 팽창~흡입행정 때는 PFI 분사, 압축행정 후반에는 DI 분사를 함으로써 성층 연소를 하고 점화시기를 지각시킨다.

또한 촉매의 난기성(暖機性)과 HC 저감 모두를 가능하게 하였다. 이로 인해 북미 SULEV(Super Ultra Low Emission Vehicle) 수준 이하를 달성하고 있다.

팽창~흡입행정
흡기 밸브가 열리기 전에 포트 분사용 인젝터에서 흡기 포트로 변량(變量) 분사

↓

흡입행정
흡기 밸브가 열리고 균일한 혼합기가 연소실로 흡입된다.

↓

압축행정
압축행정 후반에 실린더 내 직접 분사용 인젝터에서 연소실로 연료를 분사

↓

팽창행정
점화 플러그 주변의 성층화한 혼합기에 점화된다.

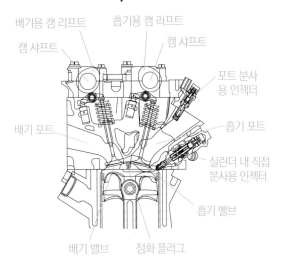

배기용 캠 리프트 / 흡기용 캠 리프트
캠 샤프트 / 캠 샤프트
포트 분사용 인젝터
배기 포트 / 흡기 포트
실린더 내 직접 분사용 인젝터
흡기 밸브
배기 밸브 / 점화 플러그

D-4S를 갖춘 실린더 헤드의 단면 그림이다. 흡기 포트에는 스월 컨트롤 밸브(SCV)가 있어서 최대 효율화를 도모한다. DI에는 2개의 분공으로 된 고압 슬릿 노즐 인젝터를 채택, 폭 130 마이크론의 고미립자 연료를 부채살 형태로 분사시킴으로써 스월(swirl)을 발생시키는 구조이다.

PFI에는 일반적인 분공의 형태이다. 유해 배출물의 대책을 포함한 저중속 회전 영역의 PFI/DI 병용, 충진 효율이 뛰어난 고속영역에서의 DI를 사용하는 등 양쪽의 결점을 서로 보완하면서 장점을 따온 시스템이다.

난다.

닛산의 듀얼 인젝터는 이름 그대로 인젝터가 2개이다. 종래는 1개로만 분사했던 것을 2개로 하면 유량에 여유가 생긴다. 연료 분무 입자의 지름을 작게 하여 공기와 더 잘 섞이게 함으로써 연소마다 정확한 혼합기를 공급할 수 있다는 발상이다.

다만 연료 입자의 지름을 작게 하면 관통력이 약해진다. 그리하여 입자의 지름과 관통력의 밸런스로부터 인젝터의 사양이 결정되었다. 닛산은 「평균 입자의 지름은 종래의 절반 수준이」라고 말하지만 입자 지름의 분포가 어느 정도인지는 불명확하다. 그러나 연료의 알갱이가 작을수록 기화가 빨라지며, 연료 압력은 통상적인 150bar라고 한다.

이론 혼합비 직접분사의 효과는 기화 잠열이나 연료 제어라는 과정보다도 주행 능력이라는 결과에 있다고 필자는 생각한다. PFI가 그것을 추구함으로써 지금까지 없었던 「맛」을 내어 준다면 앞으로의 선택 폭이 넓어질 것이다. 연료 분사의 양대 산맥이 과연 탄생할까?

③ 실린더 일시정지 시스템(Honda)

운전상황에서 6/4/3기통 운전으로 절환한다.

6기통 연소
출발할 때나 정속주행 상태에서 다시 가속할 때 등은 6기통의 큰 토크로 강력한 동력 성능을 발휘한다.

3기통 연소
엔진의 부하가 작은 운행 등에서 한쪽 뱅크 3기통의 밸브 구동을 정지. 저연비 주행이 가능해진다.

4기통 연소
3기통 연소 중 완만한 가속 등을 할 때 4기통 연소로 구동. 6기통 연소에서의 주행 빈도를 줄여 저연비에 기여한다.

마찰 저감과는 약간 다르지만 아이들링 스톱 기구와 같이 불필요한 경우에는 엔진을 멈추게 한다는 아이디어도 있다. 또한 여기서 소개하는 혼다 VCM(Variable Cylinder Management) 과 같이 주행상태에 따라 기통수의 1/3 혹은 절반을 일시 정지시키는(pause cylinder) 기술 도 있다.

앞선 모델의 인스파이어에 탑재된 3000cc V6 엔진은 6기통 운전 → 3기통 운전의 2계통의 모드였지만 현재의 모델은 6기통 운전(3500cc) → 4기통 운전(2330cc 상당) → 3기통 운전 (1750cc 상당) 등 3계통의 모드로 진화하고 있다.

저부하에서는 실린더를 일시 정지시켜 흡배기 밸브를 모두 닫히게 함으로써 펌핑 손실이 없어진다. 적은 기통수(=작은 배기량)에서 같은 출력을 얻기 위해서는 스로틀 밸브가 크게 열리기 때문에 펌핑 손실이 줄어들고 연비를 향상시킬 수 있다.

또한 일시 정지하고 있는 밸브의 구동 손실이 적어지기 때문에 효율의 향상에도 기여한다. 3기통 운전 때는 종전형과 마찬가지로 리어 뱅크가 일시 정지하여 직렬 3기통 엔진이 된다. 4기통 운전에서는 리어 뱅크의 3번 실린더와 프런트 뱅크의 4번 실린더가 일시 정지하여 V4기통 엔진이 되는 것이다.

실린더 일시정지 시스템의 문제점은 실린더를 일시 정지한 상태로 얼마나 오랫동안 운전할 수 있는가 하는 것이었는데 혼다의 대답은 6→3 사이에 4기통 운전을 넣는 것이었다. 또한 이것에 수반되는 진동도 약점인데 혼다는 액티브 엔진 마운트라는 마운트 기술과 액티브 노이즈 컨트롤 기술로 이것을 해결하고 있다.

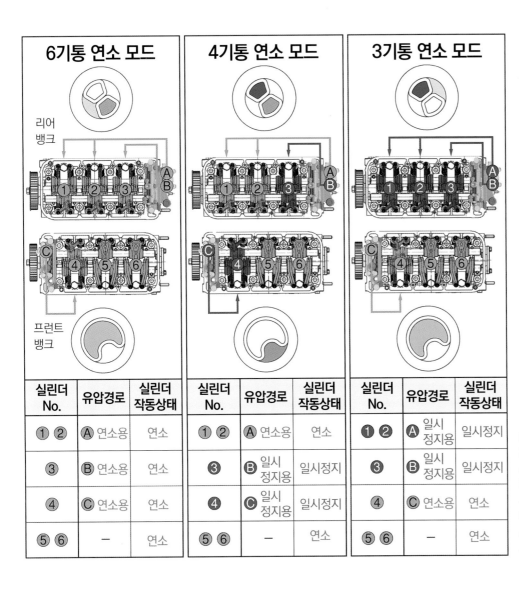

실린더 No.	유압경로	실린더 작동상태	실린더 No.	유압경로	실린더 작동상태	실린더 No.	유압경로	실린더 작동상태
① ②	Ⓐ 연소용	연소	① ②	Ⓐ 연소용	연소	① ②	Ⓐ 일시정지용	일시정지
③	Ⓑ 연소용	연소	③	Ⓑ 일시정지용	일시정지	③	Ⓑ 일시정지용	일시정지
④	Ⓒ 연소용	연소	④	Ⓒ 일시정지용	일시정지	④	Ⓒ 연소용	연소
⑤ ⑥	—	연소	⑤ ⑥	—	연소	⑤ ⑥	—	연소

6기통 · 4기통 · 3기통 운전의 3단계 절환을 실현하기 위해 프런트 뱅크의 로커암 축에 2계통, 리어 뱅크에 4계통의 유압 경로가 설치되어 있다. 프런트와 리어의 유압 경로 수가 다른 것은 프런트 뱅크에는 3기통 연소와 1기통 일시정지, 2종류의 운전 모드 밖에 없지만 리어 뱅크에는 「3기통 연소」와 「1기통 일시정지」, 「3기통 일시정지」등 3가지 운전 모드가 있기 때문이다.

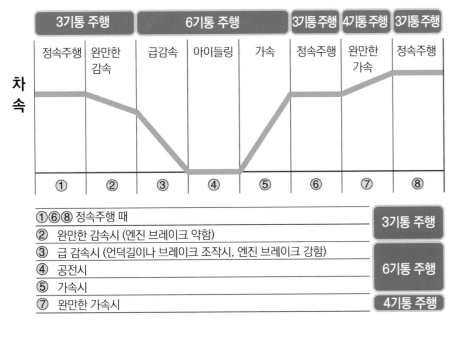

①⑥⑧ 정속주행 때	3기통 주행
② 완만한 감속시 (엔진 브레이크 약함)	
③ 급 감속시 (언덕길이나 브레이크 조작시, 엔진 브레이크 강함)	6기통 주행
④ 공전시	
⑤ 가속시	
⑦ 완만한 가속시	4기통 주행

종전에는 3기통 정속주행 운전에서 완만한 가속을 하면 6기통 운전으로 복귀했지만, 새로운 VCM에서는 여기에 4기통 운전을 끼워 넣는데 성공하고 있다. 4기통 운전을 추가함으로써 고속주행에서 12%, 시내주행에서 8%의 연비의 개선 효과가 있다.

과급 테크놀로지

오늘날의 과급 엔진은 1980년대의 과급 엔진과 의미가 다르다.
고효율을 위한 과급은 직접분사와 더불어 상당히 중요한 기술로 자리매김 하였다.

① 터보차저

직접분사 엔진에 과급은 불가결

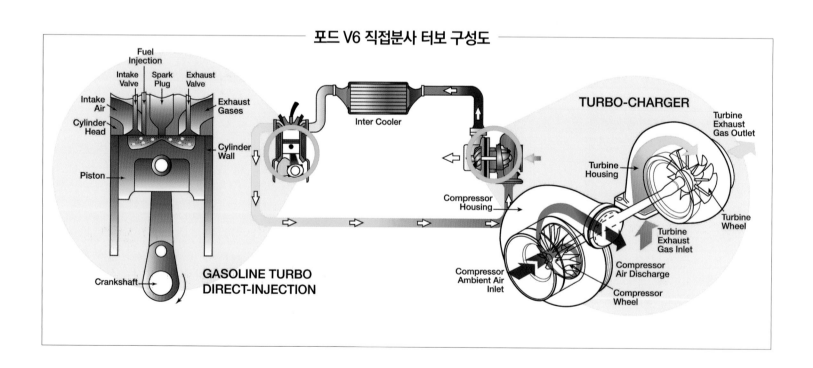

포드 V6 직접분사 터보 구성도

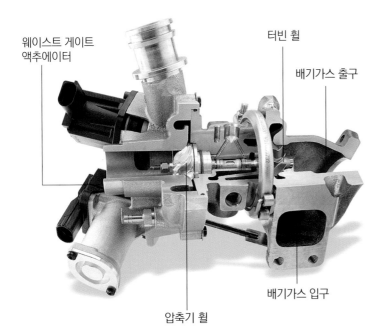

웨이스트 게이트
액추에이터

터빈 휠

배기가스 출구

배기가스 입구

압축기 휠

보쉬, 말레의 DS 터보

보쉬 말레 터보 시스템에서는 2015년까지 연비의 29% 저감을 계획하고 있다. 소형차는 100kW/200Nm 정도를 유지하면서 1100cc 3기통까지 배기량을 낮출 생각이다. 과급 압력을 1.8에서 2.4기압까지 높이고 밸브 개폐시기 및 양정을 가변으로 하는 동시에 흡기관의 지름을 개선할 계획도 세웠다. 그 결과 연비 5500cc/100km, CO_2 배출량 130g/km을 실현할 수 있을 것으로 예상된다.

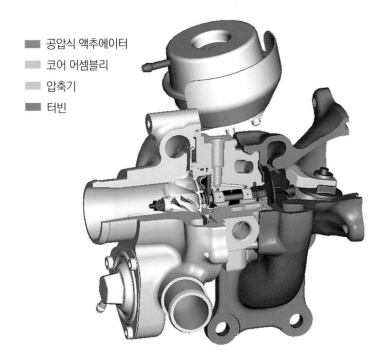

■ 공압식 액추에이터
■ 코어 어셈블리
■ 압축기
■ 터빈

CONTINENTAL

콘티넨탈은 직경 38mm의 비교적 소형 터보를 발표. 240,000rpm으로 회전하며, 1,050℃까지 견딜 수 있으며, 과급 압력이 과도하게 높아지는 것을 피하기 위해 웨이스트 게이트 밸브가 설치되어 있다. 콘티넨탈은 모든 생산을 자동화하는데 성공해 고온에서 사용할 수 있는 소형 터보이면서 저가를 실현할 해결책으로 기대할 수 있다.

바야흐로 과급은 엔진 기술 중에서 큰 조류를 이루고 있다. 1980년대의 터보 전성기와는 달리 지금의 과급 기술은 직접분사와 맞물려 저연비를 목적으로 하고 있다. 심지어는 트윈 스크롤 등의 배기 맥동 제어나 배기 압력에 따라 크고 작은 2개의 터보차저를 나누어 사용함으로써 터보 래그(lag)를 해소하기에 이르렀다.

이로써 더 작은 배기량의 과급 엔진 개발이 가능해져 엔진의 소(小) 배기량화를 이끌었다. 가솔린 엔진 분야에서 그러한 조짐이 보이기 시작한 것은 2005년에 폭스바겐이 발표한 TSI(Turbocharged Stratified Injection) 유닛부터이다.

다음 해인 제네바 오토살롱에서는 BMW와 PSA가 공동 개발한 1600cc 트윈 스크롤 터보 직접분사 유닛이 2000cc 엔진을 대체하는 것으로 발표되었고 BMW와 메르세데스 벤츠가 각각 피에조 연료분사 장치를 사용한 스프레이 가이드식 직접분사 기술을 적용

한 터보 V6 엔진으로 V8을 대체한다고 발표했다.

이러한 흐름은 배기량 신화가 강한 미국에까지 영향을 끼친다. 2009년에 포드가 V8을 대체하기 위해 3500cc V6 터보인 에코부스트를 발표하며 클리블랜드 공장을 에코부스트의 생산거점으로 되살렸다. 빅3 가운데 유일하게 챕터11(미국의 파산보호신청)의 적용을 면한 것은 에코부스트 덕분인지도 모른다.

프랑크푸르트 쇼에서는 작은 배기량뿐만 아니라 출력을 높이려는 흐름도 넘쳐났다. 포르쉐에서는 가솔린 엔진으로는 처음으로 VG(Variable Geometry) 터보를 적용해 3800cc 박서 6에서 500마력을 이끌어냈다.

2008년에 설립된 보쉬 말레 (Mahle) 터보 시스템에서도 다운 사이즈와 트윈 스테이지 터보로 고출력에 대응한다는 2가지 제안이 발표되었다. 과급이라는 파도는 아직 멈출 때를 모르는 것 같다.

① 터보차저 기초지식 :「랜서 에볼루션 X」

인기리에 판매중인 랜서 에볼루션 X. 에볼루션X에 사용된 터보차저 유닛을 분석하였다.
전통적으로 신뢰성이 높은 장치이다.

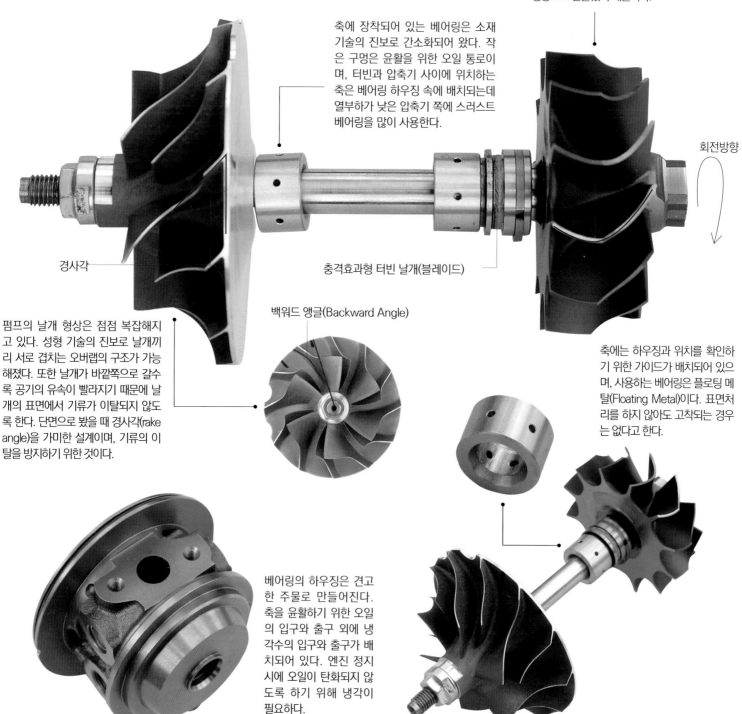

배기가스를 받는 쪽의 터빈은 열에 강한 소재를 사용한다. 연성 주철(ductile iron)의 일종인 인코넬(Inconel)이 일반적인데 랜서 에볼루션은 티타늄─알루미늄 합금을 사용한다. 배기가스가 부딪치는 부분의 날개(블레이드: blade)는 진행방향으로 돌출되어 있는데 이것은 날개 사이로 흘러들어간 배기가스의 팽창 에너지를 유효하게 잡아두기 위한 형상으로 만들었기 때문이다.

축에 장착되어 있는 베어링은 소재 기술의 진보로 간소화되어 왔다. 작은 구멍은 윤활을 위한 오일 통로이며, 터빈과 압축기 사이에 위치하는 축은 베어링 하우징 속에 배치되는데 열부하가 낮은 압축기 쪽에 스러스트 베어링을 많이 사용한다.

회전방향

경사각

충격효과형 터빈 날개(블레이드)

백워드 앵글(Backward Angle)

펌프의 날개 형상은 점점 복잡해지고 있다. 성형 기술의 진보로 날개끼리 서로 겹치는 오버랩의 구조가 가능해졌다. 또한 날개가 바깥쪽으로 갈수록 공기의 유속이 빨라지기 때문에 날개의 표면에서 기류가 이탈되지 않도록 한다. 단면으로 봤을 때 경사각(rake angle)을 가미한 설계이며, 기류의 이탈을 방지하기 위한 것이다.

축에는 하우징과 위치를 확인하기 위한 가이드가 배치되어 있으며, 사용하는 베어링은 플로팅 메탈(Floating Metal)이다. 표면처리를 하지 않아도 고착되는 경우는 없다고 한다.

베어링의 하우징은 견고한 주물로 만들어진다. 축을 윤활하기 위한 오일의 입구와 출구 외에 냉각수의 입구와 출구가 배치되어 있다. 엔진 정지 시에 오일이 탄화되지 않도록 하기 위해 냉각이 필요하다.

둥근 구멍 안에 터빈 날개가 보인다. 그 왼쪽 구멍에는 개폐가 가능한 뚜껑이 붙어 있는 웨이스트 게이트(waste gate)가 보인다. 트윈 스크롤 방식이기 때문에 웨이스트 게이트 안에도 칸막이가 있어서 2개의 통로로 나뉘어져 있다. 형상이 다른 것은 유량을 같이 하기 위해서이다. 이러한 가공은 비용이 많이 든다.

베어링 하우징에 터보차저 카트리지 유닛을 결합한 상태이다. 우측이 배기가스를 받는 터빈의 날개, 좌측이 압축기의 날개이며, 각각의 날개를 감싸듯이 하우징이 장착된다.

터빈 쪽은 고온의 배기다기관과 연결되기 때문에 하우징이 장착된다. 두 개의 구멍이 트윈 스크롤 방식임을 말해준다. 이 구멍의 단면적이 서서히 좁혀져 터빈 하우징 안에서 스크롤 출구를 형성하는 부분이 A/R값(터보차저에서 터빈 하우징의 배기 입구에서 가장 좁은 부분의 단면적을 A, 터빈 축 중심에서 배출구 중심까지의 거리를 R이라 하고 A를 R로 나눈 값)이다.

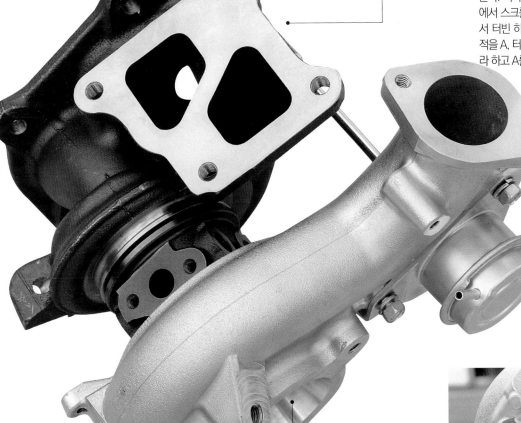

구멍으로 보이는 것이 압축기 날개이다. 이 부분을 통해 공기를 흡입한다. 주위에 있는 3개의 볼트 구멍은 경기용 머신으로서의 「진화(에볼루션, Evolution)」임을 나타내는 것이다. 경기 규칙으로 정해진 흡기 규제용 제한장치(Restrictor)를 고정하기 위한 것으로 일반적인 터보차저를 장착한 차량에서는 볼 수 없다.

버려지는 「배기가스 에너지」를 효율적으로 회수하여 이용한다

엔진 작동의 결과로 배출되는 고온의 배기가스를 버리지 않고 「다음 단계」에서 활용한다.
터보차저는 궁극적으로 폐기되는 배기가스를 이용하는 장치이다.

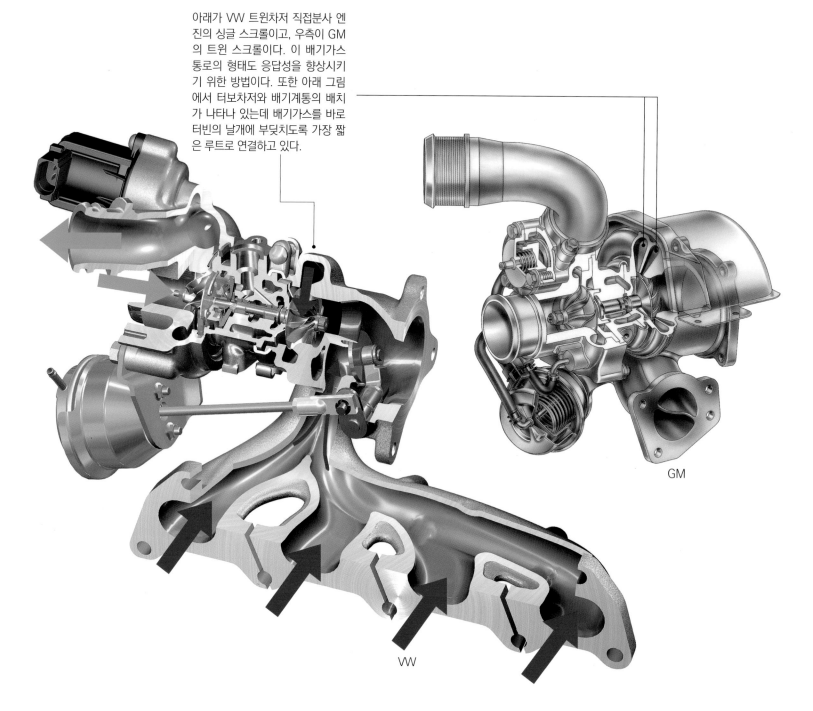

아래가 VW 트윈차저 직접분사 엔진의 싱글 스크롤이고, 우측이 GM의 트윈 스크롤이다. 이 배기가스 통로의 형태도 응답성을 향상시키기 위한 방법이다. 또한 아래 그림에서 터보차저와 배기계통의 배치가 나타나 있는데 배기가스를 바로 터빈의 날개에 부딪치도록 가장 짧은 루트로 연결하고 있다.

GM

VW

과급효과의 신속한 응답을 위해 웨이스트 게이트(waste gate)를 이용한다.

여기에서는 일반적인 인터쿨러를 장착한 터보차저의 구성을 소개하고자 한다. 요점을 간추리면 「엔진의 배기가스 에너지를 이용하여 압축기 날개(블레이드:Blade)를 작동시켜 더 많은 공기를 실린더 안으로 공급한다」는 것이 터보차저의 개념이다.

일반적으로 버려지는 배기가스를 이용하기 때문에 효율이 좋은 과급기라고 말할 수 있지만 반대로 배기가스를 이용하는 원심력식 압축기라는 결점이 있다. 압축기 날개의 외주 속도에 의해 흡입 공기의 토출량이 정해지기 때문에 압축기가 일정한 회전속도에 도달하

지 않으면 과급효과를 얻을 수 없다는 점이 최대의 결점이다.

정지 상태에서 정상적으로 작동하는 엔진(예: 발전기)에서는 문제가 없지만 출발, 가속, 정상주행, 감속, 급가속 등과 같이 운전상태가 급격히 변화하는 도로를 주행하는 차량은 배기가스의 에너지가 일정하지 않게 되며, 터빈의 날개 형상이 고정되어 있기 때문에 과급이 이루어지는 영역이 한정적이다.

특히 큰 토크를 필요로 하는 가속 시에는 압축기가 과급에 필요한 회전속도에 도달하기까지 시간이 소요되는데 그 동안은 과급효과

터빈을 가속시킨 배기가스는 이 방향으로 배출된다. 터빈의 옆에 있는 것이 웨이스트 게이트 밸브로 이 사진에서는 밸브가 닫혀 있다. 터빈으로 향하는 스크롤 도중에 웨이스트 게이트 밸브가 있다는 위치 관계를 알 수 있다.

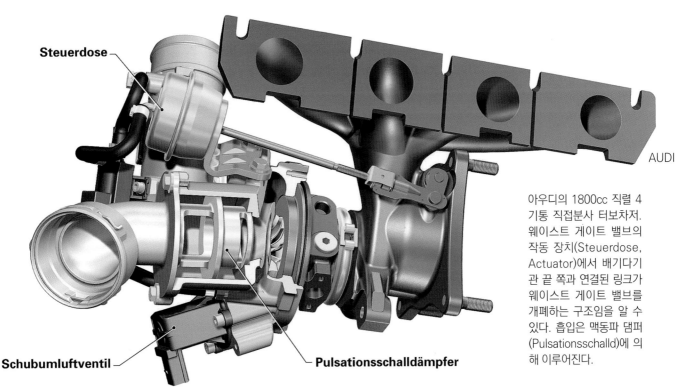

Steuerdose

AUDI

Schubumluftventil

Pulsationsschalldämpfer

아우디의 1800cc 직렬 4기통 직접분사 터보차저. 웨이스트 게이트 밸브의 작동 장치(Steuerdose, Actuator)에서 배기다기관 끝 쪽과 연결된 링크가 웨이스트 게이트 밸브를 개폐하는 구조임을 알 수 있다. 흡입은 맥동파 댐퍼 (Pulsationsschalld)에 의해 이루어진다.

를 얻을 수 없다. 이것이 터보 래그(Turbo Lag)이다. 그래서 과급효과를 신속하게 발휘하기 위해서 터빈의 용량을 작게 설정하여 나름대로 단시간에 과급효과를 얻을 수 있도록 하는 설계가 일반적인 터보차저에서 실행되고 있다.

일정한 과급 압력을 얻기 위해 필요한 배기가스만 터빈으로 유도하고 그 이상의 나머지는 웨이스트 게이트 밸브를 통해 방출하는 방법이다. 터보 래그를 적게 하는 장점은 있지만 배기가스 에너지를 완전히 이용하지는 못한다. 작은 터빈이라면 회전속도를 높이기 쉽다.

경자동차용 터보차저의 지름은 34mm, 터빈은 250,000~300,000rpm까지도 회전한다. 그러나 엔진의 회전속도가 상승함에 따라 터빈이 회전하여 과급을 계속하게 되면 흡기의 온도가 상승하여 노킹이 발생되기 쉽다. 노킹이 발생하기 전에 터보차저를 쉬게 하여야 한다.

과급 압력의 상한 값을 정해 그 값을 넘지 않도록 웨이스트 게이트 밸브를 열어 배기가스를 방출하는 것이 일반적이다. 웨이스트 게이트 밸브는 개폐 밸브로써 일반적으로 배기가스를 터빈의 날개(블레이드)로 유도하는 통로의 벽면에 있다. 이 밸브가 열리면 배기가스의 일부가 터빈으로 가지 않고 배기관을 향하게 되어 과급 압력이

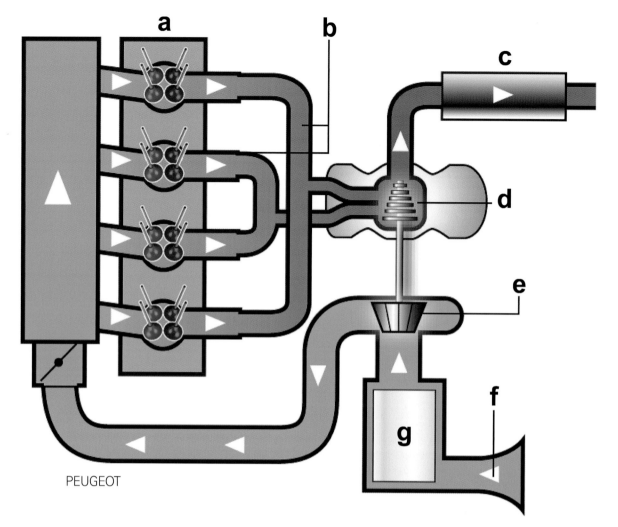

PEUGEOT

●터보 과급의 흐름

a : 과급 엔진이라고 해도 연소실 형상은 무과급 엔진과 같다. 현재는 대부분 흡배기를 합쳐서 4밸브 방식인데, 배기 밸브가 열려도 소량의 잔류가스가 남게 된다.

b : 배기가스는 터빈으로 유도된다. 이 그림에서는 1번과 4번 실린더와 2번과 3번 실린더를 연결해 배기의 맥동(脈動)을 합쳐서 터빈으로 보내고 있다. 이 부분의 배치도는 제작사나 차종(엔진 가로 또는 세로배치 차이 등)에 따라 여러 종류가 있다.

c : 터빈을 회전시켜 에너지를 방출한 다음의 가스는 삼원촉매로 넘어간다. 가솔린 엔진의 과급에서는 배기가스 온도가 높아지기 때문에 과급 압력에 따라서는 촉매의 온도 대책 등 연구가 필요하다.

d : 터빈의 회전속도가 일정 수준에 도달하지 않으면 과급 압력이 발생하지 않는

것은 원심식 과급기의 숙명이다. 그래도 다양한 연구에 의해 낮은 엔진의 회전속도에서 과급이 시작되도록 하려는 노력이 시도되고 있다.

e : 임펠러(압축기)에서 압축된 흡입 공기가 서지탱크로(흡입 컬렉터)로 넘어간다. 이 그림에는 인터 쿨러가 없지만 일반적으로 인터 쿨러는 압축기의 출구 쪽에 위치한다. 그 끝에 스로틀 밸브가 위치하게 되는데 비 스로틀(non-throttle)화 하면 불필요해진다.

f : 무과급 엔진은 흡입 공기를 대기압 상태 그대로 실린더 안으로 흡입한다. 공명(共鳴) 과급이나 관성과급을 이용하면 충전 효율은 다소 개선되지만 강제적인 과급에는 미치지 못한다. 그러나 과급에도 단점이 있는데 특히 응답성이 문제(터보 래그)가 된다.

설정값 이상으로 올라가지 않는 구조이다.

현재의 터보차저는 저속 영역에서도 과급효과를 쉽게 얻을 수 있도록 저속 영역에서는 1개, 고속 영역에서 2개의 스크롤을 사용하는 트윈 스크롤 방식이 일반화 되었다. 공기의 혼합비를 2단으로 조절하는 방법이다. 또한 배기가스가 터빈에 부딪칠 때의 각도가 베인(Vane)을 작동시킴으로써 가변화하여 더 폭넓은 운전영역에서 과급효과를 얻으려 하는 VG(Variable Geometry)식 터보차저이다. 디젤 엔진에서는 널리 사용되고 있지만 배기가스의 온도가 1000℃를 넘는 가솔린 엔진에서는 사용하는 예가 극히 드물다. 현재의 터보차저는 날개의 설계가 진보되어 터빈 측의 효율이 약 80%에 다다르고 있다. 터빈의 날개를 범선의 「돛」과 같이 터빈의 회전방향으로 돌아나온 형상으로 하면 날개 사이로 흘러들어온 배기가스의 팽창 에너지를 잘 받아들일 수 있다.

자동차용 터보차저는 이러한 날개의 설계가 상식으로 되어있다. 마찬가지로 압축기(임펠러) 측의 효율도 80% 부근까지 높아졌다. 기류의 속도 차이가 발생하여 기류가 이탈하는 현상을 방지하기 위해 후퇴각을 준 백워드 임펠러로 하고 여기에다 유속이 빠른 날개(블레이드) 안쪽으로 경사각(rake angle)을 주어 기류의 속도 분포를 균일화하는 방안도 일반화되었다.

여기에 트윈 스크롤화 또는 터빈의 경량화 효과가 더해져 터보 래그는 상당히 줄어들었다. 그러나 그래도 터보 래그는 존재하기 때문에 변함없이 웨이스트 게이트 밸브에 의존하는 것이 현실이다.

영원한 과제 「터보 래크」극복을 위한 노력

구조상 터보의 숙명이라도 할 수 있는 「터보 패그」. 그러나 다운사이징 목적의 엔진에 응답성의 지연은 금물이다.
응답성을 향상시키기 위해 다양한 방법을 적용하고 있다.

형식명: N54B30A
실린더수: 6
실린더 배열: 직렬
실린더당 밸브 수: 흡기2 · 배기2
밸브구동: DOHC/체인/로커 암
내경×행정: 84.0×89.6mm
총배기량: 2979cc
압축비: 10.2:1
연료 공급장치: 고정밀도 실린더내 분사(지멘스 VDO제 압전방식)
연료 분사압력: 50~200bar
1행정 당 분사회수: 3
과급기: 트윈터보(미쓰비시 중공업과 공동개발)
최대 과급 압력: 1.6bar
최고 출력: 225kW(306ps)/5800rpm
최대 토크: 400Nm(40.8kgm)/1300~5000rpm
연료 소비율(335i의 10 · 15모드): 8.9km/ℓ

일반적인 척도로는 다운사이징이라고 말하기 어렵지만 4000 ~ 5000cc·V8기통 엔진을 대체하는 3000cc 엔진이라고 생각하면 다운사이징 정도인데 기술적인 측면으로는 주목할 점이 많다. 200bar의 압전(피에조:piezo) 인젝터를 실린더 중앙에 배치하여 연료가 실린더 벽에 부착되는 것을 방지하고 균일한 이론 혼합비 연소에서 직접분사 되는 연료의 냉각효과를 충분히 이용하여(무연 가솔린 사용이 가능하더라도) 압축비를 10.2:1로 높게 설정하고 있다. 난기(暖機) 시에는 약한 층상 혼합기(weakly stratified air-fuel mixture)로 연소를 안정시켜 배기가스의 온도를 높임으로써 터보의 열용량에 의한 난기성 악화를 최소한으로 줄이는 것이 최근 직접분사의 일반적인 기술이다. 과급장치의 특징은 소형 터보를 2개 사용하는 것이다.

최고 출력은 225kW(76kW/ℓ)로 토크 곡선을 보면 1300rpm에서 최고 토크 400Nm(*1 BMEP16.9bar)에 도달하여 5000rpm까지 계속되고 있다. 소형 트윈 터보의 효과를 잘 파악할 수 있는데 트윈 터보의 효과를 실제로 보일 수 있는 것은 정상 토크가 아니라 가속 시의 응답성이다.

독자들은 놀랄지 모르지만 일반적으로 터보 래그는 저속회전에서 1~3초 정도나 되기 때문에 터보차저가 가속하는 것보다 엔진(자동차)의 가속이 빠르기 때문에 저속에서의 풀(full) 가속시에 토크 곡선이 나타내는 토크는 얻을 수 없다.

즉, 실제 운전상태의 저속 토크는 무과급 상태에서 증가하여 2000rpm을 넘어야 겨우 카탈로그 상의 토크에 근접하는 정도이다. 이 과도 응답성의 개선에 트윈 터보가 크게 기여를 한다.

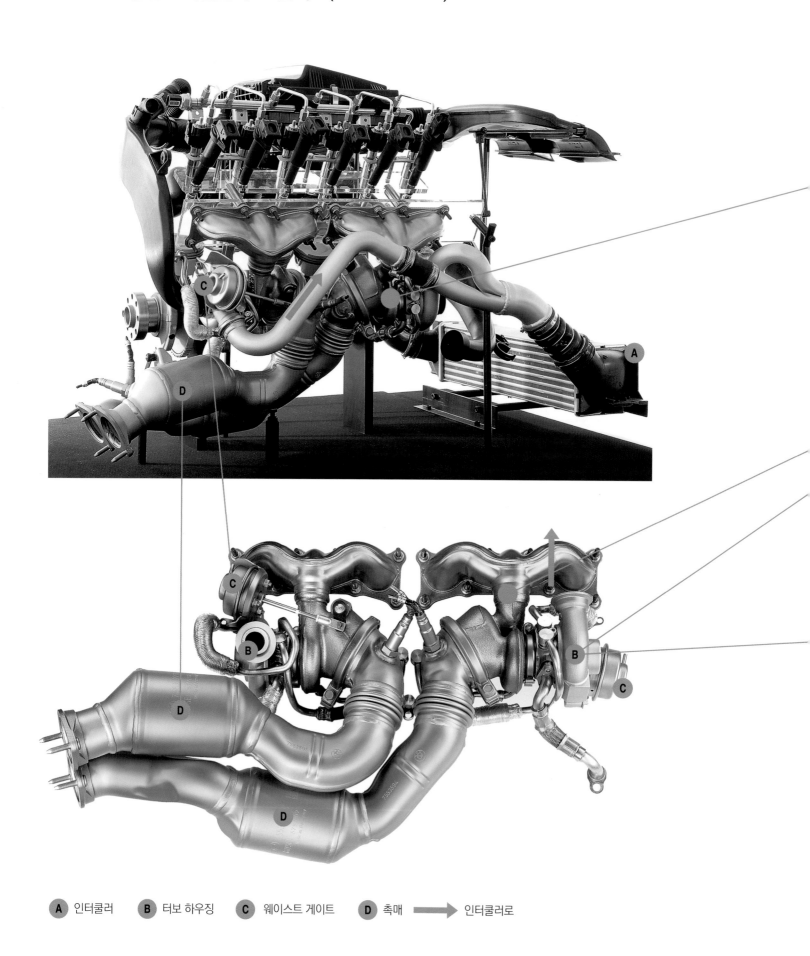

A 인터쿨러 　**B** 터보 좌우징 　**C** 웨이스트 게이트 　**D** 촉매 　➡ 인터쿨러로

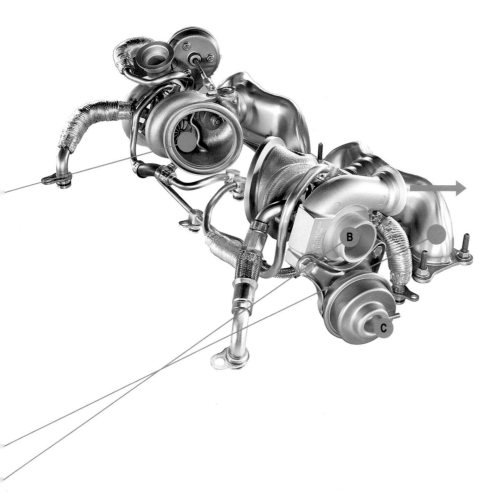

트윈 터보는 하나의 터보차저 유량이 절반이 되기 때문에 터빈의 원주 속도를 일정하게 하면 그 크기는 $1/\sqrt{2}$로 할 수 있다. 그 결과 *2 관성 모멘트는 $(1/\sqrt{2})$의 5승[18%]이 되는데 회전을 증가시키기 위해 필요한 에너지는 터보 회전속도의 증가($\sqrt{2}$배)를 고려하면 $(1/\sqrt{2})$의 3승[35%]이 된다. 배기 에너지는 1/2이기 때문에 터보의 가속시간은 $1/\sqrt{2}$ [70%]가 되는 이치이다.

바꿔 말하면 트윈 터보의 터보 래그는 싱글 터보의 70%로 단축된다. 여기에다 1~3실린더와 4~6실린더 양쪽으로 나눠 배기함으로써 각 실린더의 배기시간이 겹치지 않아 그 배기 맥동(펄스: Pulse)을 효과적으로 사용할 수 있기 때문에 터보 래그가 더욱더 단축된다. BMW의 응답성의 그림에 의하면 약 60%로 단축되고 있다. 다만, 그래도 공회전 출발에서는 2초 정도의 터보 래그가 존재한다.

현재 상태의 1.6bar의 과급 압력을 더 높여 정상 토크를 증가시키는 것은 어렵지 않지만 터보 래그를 감안하면 이 정도가 한계라고 여겨진다. 따라서 응답성 개선 기술을 적용하지 않으면 2500cc급까지 다운사이징 하는 것은 어렵다. 터보차저는 미쓰비시 중공업제품으로 배기가스 온도 최고 1050℃에 견딜 수 있는 설계로 만들어져 있다.

압축비가 높은(배기가스 온도가 저하하는) 것까지 감안하면 BMW는 공표하지 않고 있지만 상당히 넓은 범위에서 연료의 냉각에 의존하지 않는 이론 공연비 운전이 가능하리라고 판단된다. 연비는 출력이 18% 증가하고 있기 때문에 이전의 엔진(Valvetronic 장치)과 비교해 약 5% 정도 악화된 것은 타당하지 않을까 생각된다.

같은 시리즈의 무과급(NA) 엔진은 성층(成層) 희박연소에 의해 이전의 엔진에 비해 약 20%의 연비향상을 실현하고 있으며, 동일 배기량 엔진으로 다운사이징 효과를 갖는 고성능 엔진과 표준적인 저연비 엔진을 생산하고 있다. 고성능은 과급, 저연비는 희박연소(lean burn)라는 엔진(+엔진룸)의 공통화를 감안한 하나의 엔진 개념을 나타내고 있다.

터빈 및 압축기

 *1 BMEP : 평균유효압력(Break Mean Effective Pressure)의 약칭으로 연소 사이클 중에 연소가스가 피스톤을 누르는 압력의 평균값을 말한다. 엔진이 발생하는 토크는 평균유효압력에 배기량을 곱한 값에 비례하기 때문에 배기량 당 토크를 나타낸다고 바꿔 말해도 된다. 종래의 PFI 가솔린 엔진으로 10bar, DI 가솔린 엔진으로 12bar를 과급하면 과급 압력에 맞게 평균유효압력이 증가한다. 최신의 디젤 엔진은 24bar까지에 이른다.

*2 관성 모멘트 : 회전을 가속하는데 대한 관성저항. GD2(지디스퀘어)라고도 하며, 질량에 내경의 제곱을 곱한 것으로 크기(길이)의 5승에 비례한다. 곧바로 움직일 경우의 질량에 상당해 이것이 클수록 회전 가속이 늦어진다.

배기가스의 토출량을 유량 가변 노즐로 자유롭게 제어, 저속의 전 부하(full load)에서부터 대응한다.

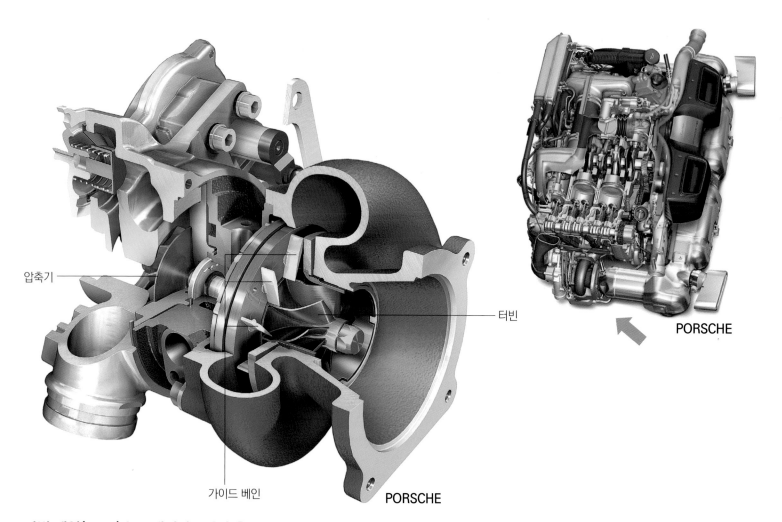

압축기

터빈

가이드 베인

PORSCHE

PORSCHE

가변 베인(Vane)으로 배기가스 유속을 제어

배기가스가 갖는 운동 에너지는 엔진이 2회전하면 증가하게 되는데 무게(관성 모멘트)가 있는 터빈의 회전속도는 곧바로 상승하지 않기 때문에 회전속도의 제곱으로 정해지는 과급 압력도 늦게 상승된다.

압축비가 낮은 과급 엔진은 과급 압력이 높아질 때 까지는 「배기량에 비해 토크가 작은 엔진」에 지나지 않아 생각처럼 가속이 되지 않는다. 이것이 터보 래그(turbo lag)라고 불리는 현상이다.

터보 래그를 해소하는 핵심은 터빈과 압축기를 연결하는 축을 경량화 하여 관성 모멘트를 줄여 응답성을 향상시키는 것이다. 터빈 날개(블레이드: Blade)의 형상을 개선하여 비교적 낮은 배기가스의 유량부터 반응시키는 접근도 끊임없이 계속하고 있다. 그러나 어떤 쪽도 한계가 있다.

필요한 것은 터빈의 회전속도를 높이는데 필요한 에너지이다. 이 에너지가 있으면 배기가스의 유량이 적어도 압력이나 유속을 높여 줌으로써 터보 래그를 줄일 수 있다. 그 구조의 하나가 가변 용량형이라고 불리는 터보차저이다.

다양한 방식이 있지만 주류는 배기가스를 터빈으로 유도하는 노즐의 면적을 가변화하는 것이다. 이전의 것은 닛산의 「제트 터보」, 혼다의 「윙 터보」 등이 가변 노즐형 터보였다. 포르쉐가 「가변 지오메트리 터보」라고 부르는 것은 가변 흡기 안내 베인(Variable Intake Guide Vane)을 이용한 시스템이다.

터보차저 하우징 내부의 스크롤(와류실, 渦流室)에서 터빈으로 배기가스를 불어주는 노즐 부분에 액추에이터나 전동 모터로 작동하는 복수의 가변 베인을 배치한 것인데 배기가스의 유량이 적은 상태에서는 베인 사이의 간격을 좁힘으로써 압력을 속도로 변환하여 터빈을 작동하는 에너지를 높인다.

엔진 회전속도=배기가스의 유량이 높아지면 거기에 따라 베인의 열림 각도를 조정하여 전부하의 과급 압력을 제어하는 것이다. 과급 압력의 상승이 빠르기 때문에 디젤 엔진은 터보 래그 상태에서 산소량의 부족에 의한 PM 발생을 억제하려는 목적으로 많이 사용한다.

그러나 가솔린 엔진은 포르쉐 911 터보(997계열)에 사용하는 정도이다. 디젤 엔진의 배기가스 온도가 850℃ 정도에 도달하는데 비해 가솔린 엔진은 1000℃를 넘는 수준까지 감안할 필요가 있는데 가동 베인이 상당히 비싸지기 때문이다.

● 배기가스 유량이
　적은 상태

가동 베인은 스크롤
쪽에서의 노즐을 좁
히는 위치와 각도로
고정된다. 노즐의 사
이가 좁아짐으로써
그 사이를 통과하는
배기가스의 유속이
빨라지고 운동 에너
지가 높아진 상태에
서 빠르게 터빈으로
빨려 들어가 단시간
에 터빈의 회전속도
를 높이게 된다.

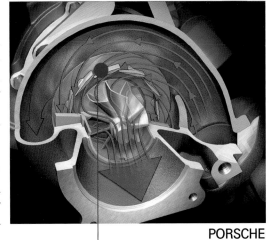

PORSCHE

● 배기가스 유량이
　많은 상태

엔진 회전속도가 높
아져 배기가스의 유
량이 많아진 상태에
서는 가동 베인은 노
즐의 간격을 넓히는
위치와 방향으로 움
직인다. 이 상태에서
각 베인의 위치와 형
상을 터빈의 날개(블
레이드)로 배기가스
가 효율적으로 향하
도록 설계하는 것이
중요한 핵심이다.

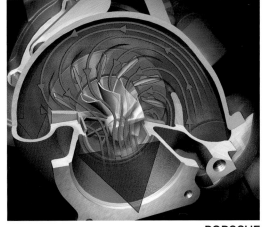

PORSCHE

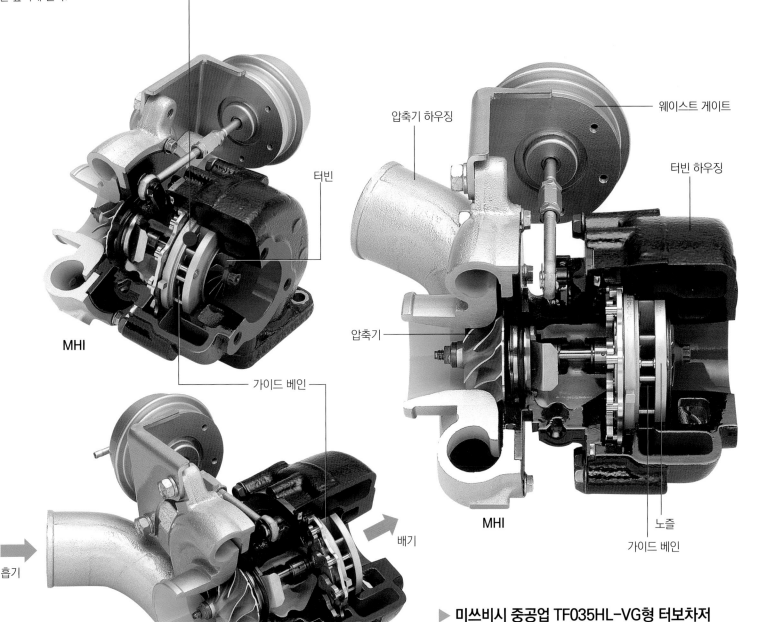

터빈

MHI

가이드 베인

흡기

인터쿨러로

배기

MHI

압축기 하우징

웨이스트 게이트

터빈 하우징

압축기

MHI

노즐

가이드 베인

▶ 미쓰비시 중공업 TF035HL-VG형 터보차저

이 제품 자체는 디젤 엔진용이지만 VG 터보의 구조를 이해하기 쉽
기 때문에 자료로 사용하였다. 가동 베인은 중심에 회전축이 설치
되어 있으며, 또한 한쪽을 노즐의 압축기(임펠러)쪽에 있는 링과 체
인의 프레임 같은 암으로 접합되어 있다. 액추에이터가 링을 회전
시키면 그 작동에 맞추어 베인의 각도가 즉시 변해간다. 구조는 그
리 복잡하지 않지만 제조의 정밀도나 재질 등에서 높은 수준이 요구
된다.

스크롤 체임버를 2등분. 배기가스의 유속을 높여 응답성을 향상시킨다.

이전의 새로운 방식. 간단한 구조이지만 효능은 크다.

터빈 하우징 내부의 스크롤(와류실, 渦流室)을 가로방향으로 둘로 나눈 구조를 갖는 터보차저이다. 「트윈」은 「스크롤」이 2개라는 뜻이며, 터보 유닛은 1개이다. 이전에는 1985년에 데뷔한 마쯔다 서번 RX-7(FC3S형)에서 사용 했었다. 다만 이것은 배기가스의 유량에 맞추어 2개의 스크롤을 분리하여 사용하는 교체방식이었으며, 현재의 그것과는 작동 및 목적도 달랐다.

현재의 트윈 스크롤 터보는 실린더간의 배기 간섭을 없애려는 목적으로 사용하고 있다. 4기통 엔진의 경우 크랭크축 상에서 360° 위상이 다른(즉, 점화순서가 연속되지 않는) 1번과 4번 실린더, 2번과 3번 실린더의 배기다기관을 조합하여 각각을 다른 스크롤로 유도한다.

1번 실린더가 배기행정에 들어갔을 때 폭발 및 팽창행정에 있는 4번 실린더의 배기 밸브는 닫혀 있다. 심지어 거기에서 크랭크축이 180° 회전하는 동안 배기 밸브는 닫혀 있는 상태이다. 2번 및 3번 실린더와는 물리적으로 떨어져 있다.

즉, 1번 실린더의 배기가스에 압력의 간섭은 일어나지 않는다. 이러한 이유로 배기 밸브가 열린 직후의 배출 압력파가 감쇄하지 않고 터빈의 날개로 유도되기 때문에 엔진의 회전속도가 낮은 상태에서도 효율적으로 터빈을 회전시킬 수 있다. 나머지 실린더도 마찬가지임은 말할 필요도 없다.

스크롤 체적이 작기 때문에 특히, 엔진의 회전속도가 낮은 상태에서는 배기가스의 유속을 비교적 높게 유지하면서 터빈으로 유도할 수도 있다. 간편한 구조이면서 엔진의 회전속도가 낮은 상태에서 과급 압력의 향상, 나아가서는 출발 가속 등 성능의 향상 효과는 크다.

특별한 제어도 불필요하여 시스템으로써의 신뢰성이 높은 점도 장점이다. 현재의 차종에서는 미쓰비시 랜서 에볼루션, 스바루 임프레자, 레거시, 르노 메가트 RS 등이 사용하고 있다.

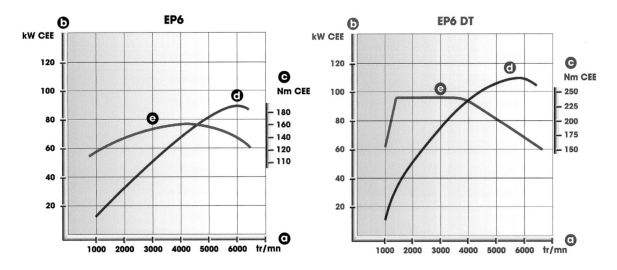

좌측이 무과급 밸브트로닉을 사용한 EP6형이고 우측이 트윈 스크롤 터보를 탑재한 EP6D형 엔진(최고 출력 110kW판)의 출력 곡선도이다. 무과급 엔진이 4250rpm에서 160Nm의 최대 토크를 발생하는데 비해, 과급식은 1400rpm에서 최대 토크에 이르러 3500rpm까지 유지된다. 터보 래그(turbo lag) 부분을 뺀다고 하더라도 상용 영역에서 큰 토크를 발생시켜 다운사이징의 잠재력은 우수하다고 평가할 수 있다. 다시 말하면 무과급식의 10·15모드 연비는 11.6km/ℓ. 압축비는 양쪽 모두 똑같이 10.5:1이다.

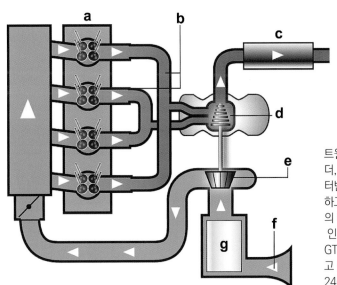

트윈 스크롤 터보 엔진의 구성도이다. 1번과 4번 실린더, 2번과 3번 실린더의 배기다기관을 각각 집합시켜 터빈 하우징 안에 설치된 2개의 스크롤 체임버로 유도하고 있다. 이 같은 구조는 배기의 간섭을 피하고 터빈의 작동 효율을 향상시킨다.
인터쿨러는 압축기 날개 앞에 위치한다. 즉 GTi 그레이드가 탑재하는 하이파워 모델은 최고 출력 128kW(175ps)/6000rpm, 최대 토크 240Nm(24.5kgm)/1600~4500rpm이다.

좌측은 터보 유닛, 우측은 배기다기관이다. 각각의 입출구가 둘로 나눠져 있어서 트윈 스크롤 터보의 구조임을 알 수 있다. 과급식은 엔진 본체에도 변경이 이루어져 있다. 실린더 블록이 알루미늄 다이캐스트 제품인 것은 같지만 벨트 플레이트의 베어링 부분에 강철 인서트(steel insert)가 삽입되어 있다. 헤드는 구조분만 아니라 주조법을 포함해 전혀 다른 제품이다.

가변 용량 터보 / HONDA Variable Flow Turbo

간편한 구조로 VG(Variable Geometry) 터보에 가까운 효능을 실현

가변 용량 터보(Variable Flow Turbo)의 단면 모델. 스크롤 체임버와 노즐 부분을 가르듯이 배치된 베인을 볼 수 있다. 베인 자체는 고정식으로 배기가스의 흐름에 알맞은 경사각(俯角)으로 만들어져 있다. 끝단의 형상도 미묘한 각도의 변화를 일으키도록 되어 있다. 이러한 구조로 인해 배기가스의 유량이 적은 상태에서도 운동 에너지를 효율적으로 터빈으로 유도하고 있다. VG 터보와 유사한 가변 용량의 효과를 실현하면서 더 간편한 구조를 가졌다고 생각하면 된다.

HONDA

형식명: K23A
실린더수: 4
실린더 배열: 직렬
실린더당 밸브 수: 흡기2 · 배기2
밸브 구동: DOHC/ -/ -
내경×행정: 86.0×99.0mm
총배기량: 2300cc
압축비: 8.8:1

연료 공급 장치: 멀티 포인트 · PFI
연료 분사 압력: -
1점화 당 분사회수: -
과급기: 가변용량 터보
최대 과급 압력: -
최고 출력: 179kW(240hp) / 6000rpm
최대 토크: 352.5Nm(35.9kgm) / 4500rpm
연료 소비율(EPA 도시/고속도로): 3.78ℓ 당 30/37km

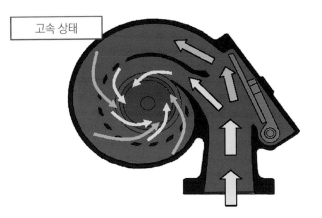

고속 상태

배기가스의 유량이 많은 상태. 유량 제어 밸브가 열려 바깥쪽의 스크롤 체임버에도 배기가스가 흘러 들어가 용량을 완전히 사용한다. RDX의 경우 밸브는 일반적으로 2000rpm에서 열리기 시작하여 2500rpm에서 완전히 열린다. 그 이상은 웨이스트 게이트 밸브를 사용한다. 최대 과급 압력은 13.5psi(0.93bar)이다.

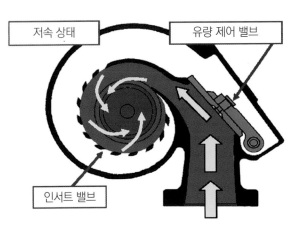

저속 상태   유량 제어 밸브

인서트 밸브

배기가스의 유량이 적은 상태. 유량 제어 밸브가 닫혀 배기가스는 스크롤 체임버 안쪽으로만 흘러든다. 안쪽은 지름이 작을 뿐만 아니라 축 방향으로도 좁게 되어 있어 적은 배기가스의 유량 즉, 작은 운동 에너지로도 좋은 효율로 터빈을 작동시킬 수 있다.

HONDA

K23A형 엔진. 알루미늄 실린더 블록으로 헤드에는 i-VTEC 메커니즘을 사용하고 있다. 인터쿨러는 엔진 바로 위에 배치하며, 촉매는 터보 바로 뒤에 배치되어 시동 직후부터의 작동 효율을 높이고 있다. 배기가스의 규제는 CURB의 ULEV-2, EPA의 Tier-2, Bin-5를 인정받았다.

고정 베인식 가변 용량 터보

혼다 어큐라(Honda Acura) RDX는 북미에서 엔트리 SUV(Sport Utility Vehicle)로 분류되는 모델이며, 시장에서는 BMW X3, 닛산 무라노(Nissan Murano) 등과 경쟁 중에 있다.

이 정도의 크기로 1780kg의 중량을 갖는 자동차, 특히 북미에서 판매되는 모델에 필요 충분한 토크를 확보하려면 3000cc 이상의 6기통 엔진을 탑재하는 것이 정석이다. 그러나 혼다는 중량 증대를 싫어해 경자동차를 빼면 오랜만에 과급 엔진을 사용한 것이다. 그런 의미에서 다운사이징 목적의 과급 엔진이라고 판단해도 된다. 알루미늄 실린더 블록의 K23A형 엔진과 조합을 이룬 것은 「가변 용량」으로 명명된 새로운 방식의 가변 용량식 터보차저이다.

구조적으로는 역시 스크롤 체임버를 둘로 나누고 있다. 다만 트윈 스크롤 터보와는 달리 원주방향으로의 분할이다. 두개의 스크롤 체임버는 완전히 분리되지 않고 원주의 2/5정도가 베인으로 구성되어 있다. VG 터보와 달리 베인은 고정식이다.

또한 흡입 쪽에는 스크롤 체임버에 대한 「유량 제어 밸브」가 설치되어 있다. 엔진 회전속도가 낮은 상태에서는 유량 제어 밸브가 닫혀 있어 배기가스는 안쪽 스크롤 체임버로만 흘러간다. 적은 배기가스의 유량에 맞춰 작은 스크롤 체임버를 사용함으로써 배기가스의 운동 에너지를 유효하게 터빈의 날개로 유도하는 것이다.

엔진 회전속도가 높아지면 유량 제어 밸브가 열려 바깥쪽 스크롤 체임버로도 배기가스가 흘러가 원래 갖고 있는 용량을 최대한으로 사용한다. 이와 같은 구조로 인해 저속 상태로부터 전부하(full load)까지 터빈을 효율적으로 작동시킨다.

설계상의 핵심은 베인의 형상과 배치에 진력했다고 한다. 배기가스의 유량이 적을 때에는 외주 방향으로 보내지 않고, 대용량 시에는 부드럽게 흘러가도록 하는 구성은 CFD(Computational Fluid Dynamics)에 의한 3차원 유체 해석 기술의 진보로 이룩한 신기원이다.

6 2단 트윈 터보

크고 작은 2개의 터보 유닛을 장착, 주행조건에 맞추어 구분 사용

▶ BMW 가변 트윈 터보

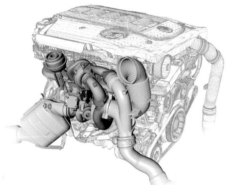

2단 과급장치의 개발은 BMW의 디젤 개발 센터인 오스트리아의 슈타이어사가 담당하며, 우선은 직렬 6300cc 엔진에 장착해 시판되었다. 새롭게 발표된 직렬 4기통 디젤 엔진에도 동종의 장치가 사용되고 있다.

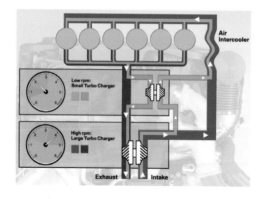

2단 트윈 터보의 작동 개념도. 중저속 영역에서는 저압용 터보로 압축한 공기를 고압용 터보로 재압축하여 과급 압력을 높인다. 3을 초과하는 압축비와 넓은 범위에서의 작동을 이루는 것이 목적이다.

가솔린 엔진용으로는 사실상 소멸되었지만 새로운 목적의 디젤 엔진용으로 부활

터보 유닛을 2개 장착하는 트윈 터보 장치도 응답성의 개선을 위해 이용되는 방법이다. 크게 나누면 2종류의 접근법이 있다.

하나는 「독립 트윈 터보」이다. 6기통 엔진이라면 1개의 터보가 3기통의 배기를 담당하게 된다. 당연히 1개당 터빈의 용량은 작아져서 터빈 날개의 지름도 작은 것이 사용된다. 터빈의 관성 모멘트는 터빈 날개 직경의 5제곱에 반비례하여 향상되기 때문에 터보 래그(turbo lag)가 크게 개선된다.

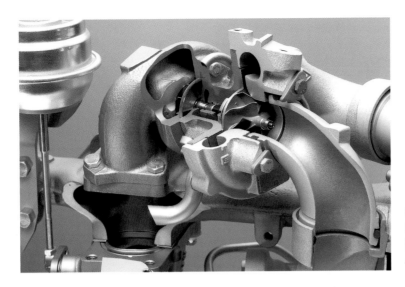

이것은 위쪽에 위치하는 소용량의 터보차저이다. 이 사진에서는 터빈 날개의 형상을 잘 확인할 수 없지만 압축기(임펠러) 날개는 백워드 레이크형을 사용하고 있다.

가변 트윈 터보 장치의 구성이다. 왼쪽의 수직 파이프는 터보차저 밑쪽의 배기관이며, 중앙 안쪽의 수평으로 보이는 배기 다기관에서 중앙으로 들어가 상하 터빈으로 유도된다. 왼쪽 상단의 액추에이터에 의해 아래쪽 터빈으로 이어지는 바이패스 밸브를 제어한다.

아래쪽에 위치한 대용량 터보이다. 터빈 날개는 전통적인 형상인데 반대쪽에는 이에 상응하는 지름의 크기를 갖는 압축기의 날개가 보인다. 축 부근의 구멍은 냉각용 오일 통로이다.

다른 하나는 여기서 설명하는 2단(순차, Sequential) 트윈 터보이다. 용량이 다른 2개의 터빈을 직렬로 배치하여 배기가스의 유량이 적을 때는 소용량의 터빈을, 유량이 증가하면 대용량의 터빈을 작동시켜 전 부하(full load)까지 사용할 수 있다.

한때는 터보 래그의 대안으로 각광 받았지만 최근에는 거의 사용하지 않게 되었다. 시스템이 복잡해지고 특히, 터보 래그의 저감이 목적인 경우 비용대비 효과 면에서 트윈 스크롤 터보 쪽이 더 나은 평가를 받기 때문일 것이다.

반대로, 여기에서 소개하고 있는 BMW와 같이 디젤 엔진에서 사용하기 시작했다는 점이 흥미롭다. 그 배경에는 필요한 토크 범위의 확대라는 측면이 있다. 필요로 하는 과급도가 높아서 싱글 터보로는 충분한 과급 압력을 확보할 수 없게 되었기 때문이다.

BMW의 장치는 현재 가장 완성도가 높은 순차(sequential)형 트윈 터보로 다운사이징을 목적으로 한 가솔린 과급 엔진으로의 응용도 충분히 기대할 수 있는 부분이다.

▶ SUBARU 순차 트윈 터보

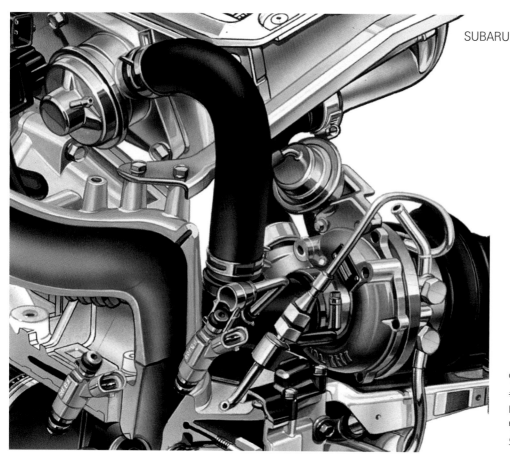

SUBARU

엔진 좌측 뱅크 뒤쪽에 위치하는 1차 터보차저. 저속 및 중속 영역까지는 1차 터보차저가 커버한다. 배기 통로는 좌우 뱅크에 각각 장착되어 있어 제어 밸브를 매개로하여 터보차저로 이어진다. 밸브에 의한 통로의 변경은 흡입 쪽에서도 하고 있다.

2세대와 3세대 레거시(Legacy)에 사용되고 있는 2단 트윈 터보 장치. 그림 좌측이 차량의 진행 방향이다. 2차 터보는 안쪽의 우측 뱅크 후방에 배치되어 있다. 엔진의 회전속도가 높아져 배기가스의 유량이 증대되면 제어 밸브의 작동에 의해 2차쪽도 과급을 시작한다.

뱅크 별로 배기가스를 모았기 때문에 배기의 간섭이 일어났지만 현행 4세대 레거시는 배치를 변경하여 앞쪽 2실린더, 뒤쪽 2실린더를 묶어 배기관의 길이를 동일하게 하여 트윈 스크롤 터보를 사용하고 있다.

SUBARU

배기 압력이 낮은 상태에서는 전동 모터로 터빈을 구동하여 응답성을 개선

●BorgWarner e-Booster

전동 모터를 내장한 전용 압축기에 의한 압력 보조, 모터 내장형 터보를 조합시키는 장치이다(시제품). 소비전력 등 전체적인 에너지 효율의 향상이 앞으로의 과제이다. 요약해서 말하자면 Visteon 회사도 VTES(Visteon Torque Enhancement System)라고 해서 같은 종류의 기구를 발표하였다.

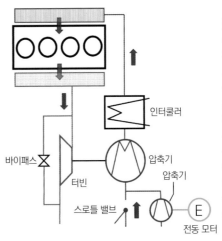

Borg Warner사가 웹사이트상에 공개한 자료를 참고하여 작성한 계통 단면도. 이 구성에서는 스로틀 밸브와 터빈 쪽 압축기(임펠러) 사이에 전동 압축기로부터의 통로를 만들어 압력을 보조하고 있다. 기계 구동식 과급기를 대신하여 전동식 과급기를 이용한 이중 과급(dual charger) 장치의 일종이다. 터보 쪽에도 모터를 장착하여 연대시키는 장치도 가시권에 있다.

●하니웰(Honeywell) e-Turbo

터빈과 압축기를 연결하는 축을 이용하여 하우징 안에 모터를 구성하는 e-Turbo 장치(시제품). 현재 제품은 모터부분의 출력이 최대 1.4kW이기 때문에 보조용으로는 약간 부족한 감이 있지만 전원의 제약을 고려한 설정인지 모르겠다.
소비 전력은 2kW로 회전속도가 높아지면 발전기로서 기능을 한다. 과제는 모터의 구성부품을 장착한 상태에서 200,000rpm의 터빈 회전속도를 견딜 수 있도록 축의 강화와 모터 구동용 전원의 확보이다.

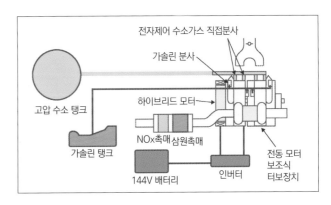

●마쯔다(MAZDA) 전동 보조 터보

마쯔다는 2003년 도쿄 모터쇼에서 수소 로터리 엔진과 전동 보조 터보로 구성된 장치의 기술을 전시했다. 상세한 것은 공개하지 않았지만 보도 자료에 의하면 「저속 영역부터 높은 과급 효과를 발휘하는 전동 모터 보조식 터보차저를 사용하였다. 저속 영역에서는 모터로 터보차저의 작동을 보조하여 과급 효율을 높이고, 고속 영역에서는 일반적인 배기가스의 터보로 과급하여 수소 희박연소로도 충분한 출력을 실현한다」라고 되어 있다.

터빈은 회전시키는 에너지를 배출만 하는 것이 아니라 어떤 장치로서 보조하고 응답을 개선한다. 발상 자체는 예전부터 있어 다양한 도래를 하고 왔지만 최근 들어 전기 모터와 결합하여 응답을 개선하는 시스템의 시험 제작 발표가 눈에 띄고 있다.
구성은 크게 2종류로 나눠진다. 우선 "전동 압축기" 방식으로 터보와는 별도의 모터로 구동하는 전용의 압축기를 제공하고, 터빈의 회전속도가 낮은 영역에서는 모터 구동 압축기에 의해서 미리 압축된 공기를 터보 압축기 날개의 이전 또는 뒤에 보내는 타입이다. 과급에 필요한 압력을 보조하는 기구로 전동 압축기와 터보의 트윈 차저로 이해하면 된다.
또 하나는 "모터 내장 터보"로 터빈 날개와 압축기 날개를 연결하는

축에 모터를 배치하여 직접 회전력을 보조하는 형식도 있다. 이 모터는 발전기를 겸하고 있어 엔진의 회전속도가 낮은 경우 터보차저 축의 회전을 보조하고 배기 가스만으로 충분한 과급을 얻을 수 있는 상태에서는 발전을 한다.
전동 모터가 갖는 좋은 반응과 높은 스타팅 토크를 살리는 구성이다. 또한 전동 압축기와 모터 내장 터보를 연계시키는 시스템도 고안되고 있다.
개발상의 과제는 모터의 회전자만큼 증가하는 질량에 견딜 수 있는 축의 실현, 발열과 터보의 열에 견딜 수 있는 모터의 실현과 시동 모터와 같은 수준의 1~2kW의 대전력을 12V 전원으로 공급하는 방법 등 여전히 많다.

② 터보 래그(Turbo Lag)의 개선 기술

배기가스가 터빈을 회전시키면 이에 따라 공기가 압축되는 근본 원리를 이용하는 과급 엔진은 액셀러레이터 페달을 밟고 나서 엔진의 회전속도가 상승할 때까지 터보 래그가 당연히 발생한다. 질량이 있는 터빈의 회전속도가 바로 상승하지는 않기 때문이다.

특히 저속회전을 할 때=배기가스 유량이 적은 상태에서는 압축기(임펠러)에 충분한 에너지를 줄 수 없다. 그러나 터보차저의 구조적 결점을 해소하기 위한 기술의 개발과 적용은 계속되고 있다.

▶ 트윈 스크롤 터보의 구성도(BMW / PSA)

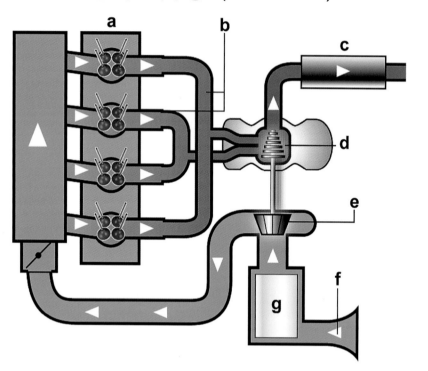

터보 래그를 줄이기 위해 개발된 기술로 트윈 스크롤 터보가 있다. 구체적으로는 홀수 실린더와 짝수 실린더에 각각 배기관을 설치하여 동일한 간격의 맥동을 터빈으로 보내줌으로써 저속회전 영역에서부터 터보차저의 효과를 얻을 수 있다. 또한 터보차저의 앞쪽에서 하나로 모아짐으로써 배기의 간섭을 줄일 수도 있다.

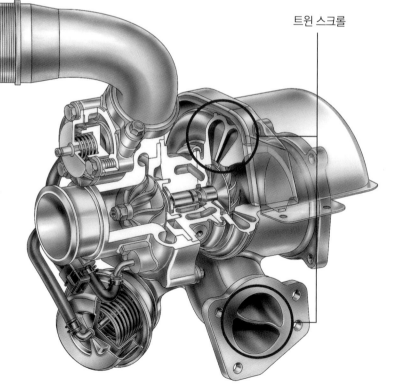

트윈 스크롤

GM
트윈 스크롤 터보는 배기관을 2개 설치하기 위한 공간의 확보가 중요한데 이 유닛은 1개의 배기관을 2개의 체임버로 나눔으로써 문제를 해결하였다.

▶ 가변 지오메트리(Geometry) 터보(포르쉐)

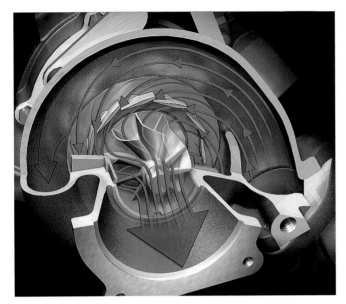

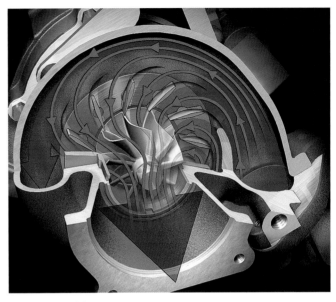

배기 유량이 적음

엔진의 회전속도가 낮을 때는 베인의 개도가 작아 배기가스는 좁은 곳을 빠져나가기 때문에 배기가스의 속도가 빨라진다. 그런 결과로 응답성이 향상되는 장점이 생긴다.

배기 유량이 많음

엔진의 회전속도가 높아지면 베인의 개도가 커지고 배기가스의 유속이 느려진다. 그 때문에 배기 쪽의 압력이 낮아져 무한정으로 배기가스의 압력이 상승되지 않으므로 터보차저를 보호하게 된다.

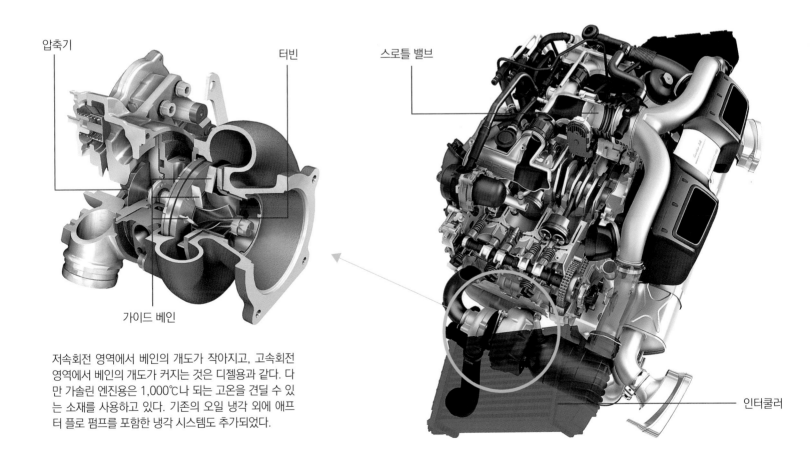

압축기

터빈

스로틀 밸브

가이드 베인

인터쿨러

저속회전 영역에서 베인의 개도가 작아지고, 고속회전 영역에서 베인의 개도가 커지는 것은 디젤용과 같다. 다만 가솔린 엔진용은 1,000℃나 되는 고온을 견딜 수 있는 소재를 사용하고 있다. 기존의 오일 냉각 외에 애프터 플로 펌프를 포함한 냉각 시스템도 추가되었다.

▶ 2스테이지 터보(BMTS : Bosch Mahle Turbo System)

「트윈 터보」는 2종류가 있는데 둘 모두 고출력과 터보 래그를 줄이려는 기술이란 점은 같지만 방식은 다르다.

큰 터빈을 사용하는 대신에 저속회전 영역에서는 터빈을 1개만 회전시키고 고속회전 영역에서는 2개를 사용하는 방식을 트윈 터보(Twin Turbo)라고 한다.

또한 저속회전 영역의 소형 터빈을 고속회전 영역에서는 대형 터빈으로 전환해 연속으로 회전시키는 방식을 트윈 스테이지 터보(Stage Turbo) 또는 시퀀셜 터보(Sequential Turbo)라고 한다.

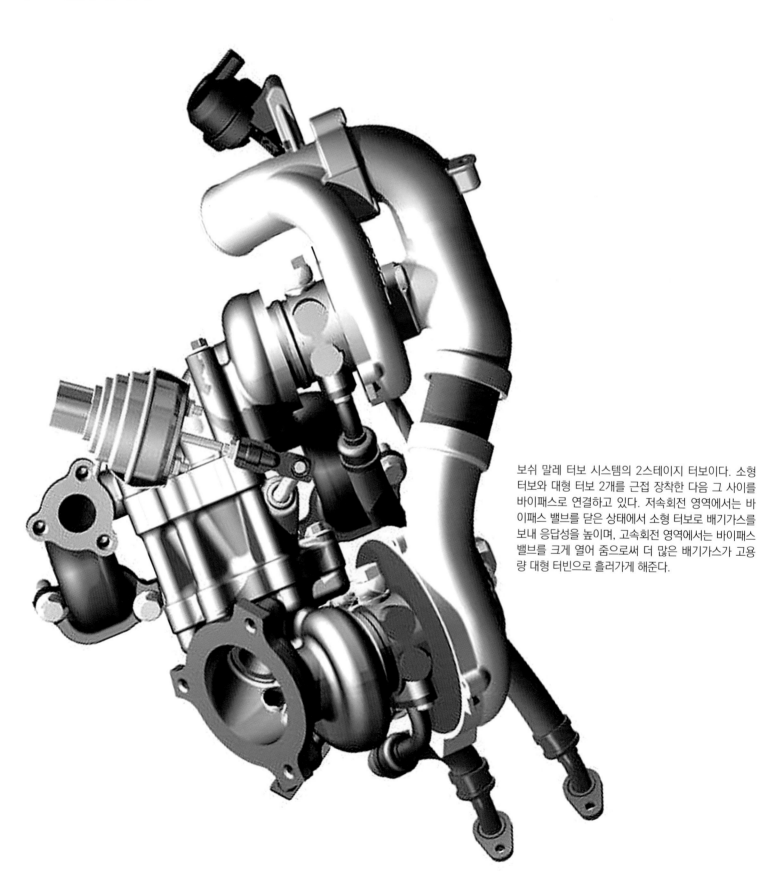

보쉬 말레 터보 시스템의 2스테이지 터보이다. 소형 터보와 대형 터보 2개를 근접 장착한 다음 그 사이를 바이패스로 연결하고 있다. 저속회전 영역에서는 바이패스 밸브를 닫은 상태에서 소형 터보로 배기가스를 보내 응답성을 높이며, 고속회전 영역에서는 바이패스 밸브를 크게 열어 줌으로써 더 많은 배기가스가 고용량 대형 터빈으로 흘러가게 해준다.

일반적인 싱글 터보와 비교해 대형 터빈과 바이패스 구조가 추가되는 것으로 시스템이 약간 커지게 된다. 가격적
으로도 부담이 있어서 대부분 배기량이 큰 디젤 엔진에 탑재하는 고급 자동차에 사용하고 있다.

전동식 웨이스트 게이트 액추에이터

말레의 전동식 웨이스트 게이트이다. 고속으로 작
동하기 때문에 터보차저의 응답성이 빨라져 터보
래그를 줄여준다. 엔진의 작동상태로 동작이 좌우
되지 않는다. 배기가스의 배압을 최소화할 수 있기
때문에 연비의 개선에도 효과가 있다고 한다.

③ 기계식 슈퍼차저

① 루트(Roots)식 슈퍼차저의 구조

자동차 엔진에 사용되는 또 하나의 과급기 「슈퍼차저」. 트윈 차저에 대한 주목이 높아지는 가운데 고효율을 자랑하는 신세대 유닛 「TVS」의 시장 투입도 조만간 이루어질 예정이다. 다운사이징 용도로 애용될 가능성이 높다.

▶ **GM Northstar 4400cc V8 SC**

캐딜락 XLR-V, STS-V 등에 탑재하는 엔진. 슈퍼차저는 EATON 제 제5세대 「M112」. M은 제5세대라는 것을, 112는 축의 1회전 당 토출 공기용량을 세제곱인치(inch³)로 나타내는 형식이다. 수랭식 인터쿨러와 일체화된 패키지를 V형 8실린더 뱅크 사이에 배치하고 있다. 4400cc로 최고 출력은 328kW/6000rpm이다.

▶ **EATON**
제5세대 슈퍼차저

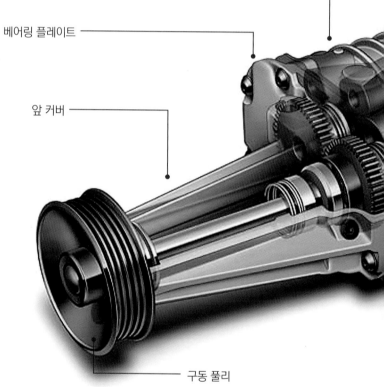

베어링 플레이트 —

앞 커버 —

구동 풀리 —

로터 회전으로 압축공기를 엔진으로 보낸다

「과급(Super charge)」이란, 어떤 기구에 의해 공기가 압축되어 체적 당 밀도가 높아진 상태에서 엔진의 내부로 흘러 들어가는 구조를 말한다. 엔진은 흡입되는 산소량에 적합한 연료를 연소시킬 수 있기 때문에 압축되는 만큼 발생 토크가 증대된다. 슈퍼차저는 엔진에서 발생되는 출력의 일부를 사용하여 구동하는 「기계 구동식 과급기」의 총칭으로 사용되는 용어이다. 상당히 다양한 구조가 고안되어 시판되는 차량에 적용되었는데 그중에서도 루트(로터리)식, 리솔름(Lysholm, 스크루)식, 스크롤식 등이 있다.

다만 일부 예외를 제외하면 주류는 현재에 이르기까지 루츠식(roots)이다. 루츠식 슈퍼차저는 하우징 안에 근접한 2개의 로터를 갖춘 구조인데 로터의 단면 형상은 로브(Lobe, 해부학 용어인 "엽(葉)"이라고 불리는 볼록한 모양을 하고 있으며, 로브가 2개인 것을 2엽, 3개인 것을 3엽이라고 한다. 로터는 일정한 위상을 유지하면서 서로 역방향으로 회전하는 가운데 하우징 내부의 공간을 이동하면서 공기가 토출구를 향해 밀려나간다. 여기서 발생되는 압출 압력이 엔진의 과급 압력이 되는 것이다.

엔진의 회전과 동조하여 작동하기 때문에 과급이 유효하게 작동할 때까지

의 응답 지연 시간이 짧은 것이 터보차저에 비해 나은 점이다. 반면, 터보차저와 비교하면 기구가 클 뿐만 아니라 구동장치가 필요하여 가동부의 질량도 크다.

루트식은 내부에 압축하지 않기 때문에 토출구가 열렸을 때 고압쪽 공기가 내부로 역류하여 공기가 압축된다. 이 차이의 압력이 클수록 소음이 증가하여 효율도 저하되기 때문에 과급 압력을 높이는 것이 간단하지 않다. 또한 구동 에너지로 엔진에서 발생되는 출력의 일부를 사용하기 때문에 배기가스의 에너지를 사용하는 터보차저와 비교하면 엔진의 효율이 저하된다. 전자(電磁) 클러치를 사용하지 않는 경우에 과급하지 않은 상태의 공회전 손실도 무시할 수 없다.

한편, 스크루식은 내부 압축이 있기 때문에 과급 압력을 높이기에는 적합하지만 공회전의 손실이 크다. 최근에는 이들의 결점을 개선하여 유사한 내부 압축이 있는 형식도 개발되고 있다(EATON TVS).

이와 같이 슈퍼차저와 터보차저는 서로의 결점을 보완하는 관계에 있다. 그런 점에 착안하여 개발된 것이 트윈차저 장치이다.

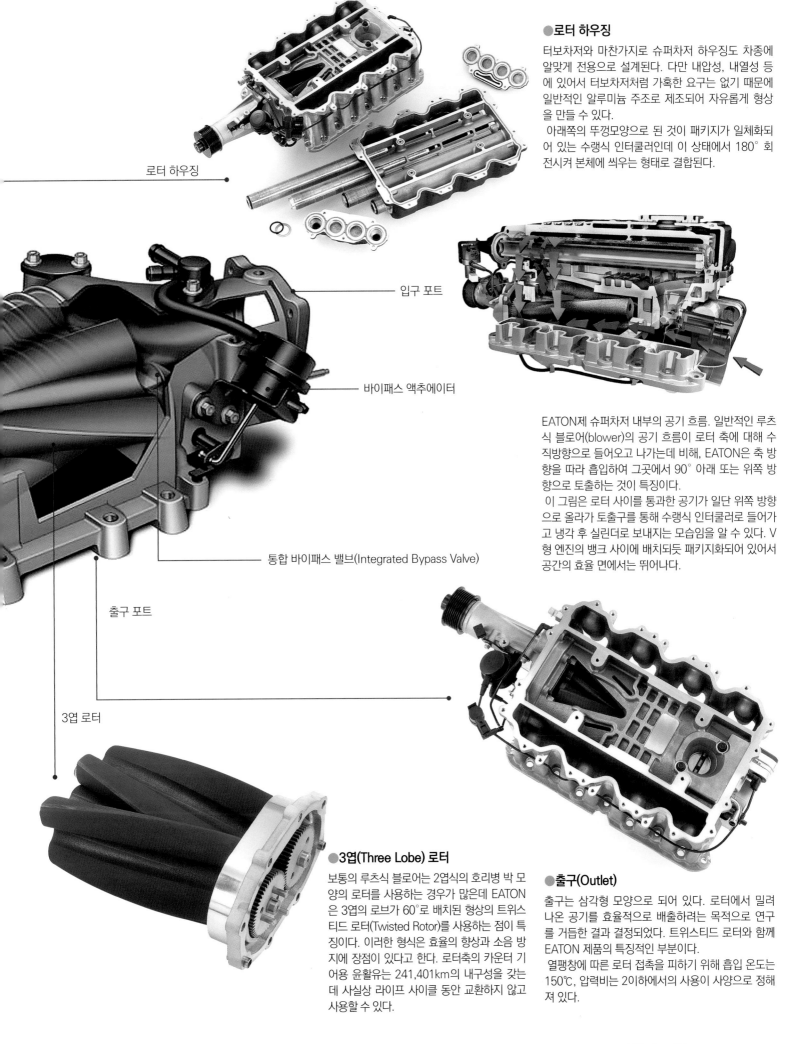

●로터 하우징

터보차저와 마찬가지로 슈퍼차저 하우징도 차종에 알맞게 전용으로 설계된다. 다만 내압성, 내열성 등에 있어서 터보차저처럼 가혹한 요구는 없기 때문에 일반적인 알루미늄 주조로 제조되어 자유롭게 형상을 만들 수 있다.

아래쪽의 뚜껑모양으로 된 것이 패키지가 일체화되어 있는 수랭식 인터쿨러인데 이 상태에서 180° 회전시켜 본체에 씌우는 형태로 결합된다.

로터 하우징

입구 포트

바이패스 액추에이터

통합 바이패스 밸브(Integrated Bypass Valve)

출구 포트

3엽 로터

EATON제 슈퍼차저 내부의 공기 흐름. 일반적인 루츠식 블로어(blower)의 공기 흐름이 로터 축에 대해 수직방향으로 들어오고 나가는데 비해, EATON은 축 방향을 따라 흡입하여 그곳에서 90° 아래 또는 위쪽 방향으로 토출하는 것이 특징이다.

이 그림은 로터 사이를 통과한 공기가 일단 위쪽 방향으로 올라가 토출구를 통해 수랭식 인터쿨러로 들어가고 냉각 후 실린더로 보내지는 모습임을 알 수 있다. V형 엔진의 뱅크 사이에 배치되듯 패키지화되어 있어서 공간의 효율 면에서는 뛰어나다.

●3엽(Three Lobe) 로터

보통의 루츠식 블로어는 2엽식의 호리병 박 모양의 로터를 사용하는 경우가 많은데 EATON은 3엽의 로브가 60°로 배치된 형상의 트위스티드 로터(Twisted Rotor)를 사용하는 점이 특징이다. 이러한 형식은 효율의 향상과 소음 방지에 장점이 있다고 한다. 로터축의 카운터 기어용 윤활유는 241,401km의 내구성을 갖는데 사실상 라이프 사이클 동안 교환하지 않고 사용할 수 있다.

●출구(Outlet)

출구는 삼각형 모양으로 되어 있다. 로터에서 밀려 나온 공기를 효율적으로 배출하려는 목적으로 연구를 거듭한 결과 결정되었다. 트위스티드 로터와 함께 EATON 제품의 특징적인 부분이다.

열팽창에 따른 로터 접촉을 피하기 위해 흡입 온도는 150℃, 압력비는 2이하에서의 사용이 사양으로 정해져 있다.

② 슈퍼차저의 특성

▶ 슈퍼차저 vs. 터보차저 반응 시간 비교 (EATON)

EATON이 비교한 슈퍼차저 과급과 터보차저 과급에 따른 응답 시간의 차이를 실험한 결과를 나타내는 그래프로 청색선이 슈퍼차저이고, 적색선이 터보차저이다. 가로축은 시간을 세로축은 엔진 흡기다기관 내부의 압력을 표시한 것이다.

90kPa 정도까지 거의 비슷하게 상승되는 것은 엔진이 기본적으로 갖는 능력 때문일 것이다. 슈퍼차저는 그대로 순조롭게 압력을 높

여 0.2초에서 최대압력의 90% 정도, 0.4초 시점에서는 거의 최대압력에 도달해 있다.

이에 반해 터보차저는 압력 상승이 완만하게 올라가 90% 정도에 도달할 때까지 1.3초 정도가 소요된다. 하타케무라가 말하길 「그래도 가솔린 엔진 터보차저로는 상당히 양호한 반응」이라고 하는데 여기서 터보 래그(turbo lag)의 크기를 실감할 수 있는 실험이다.

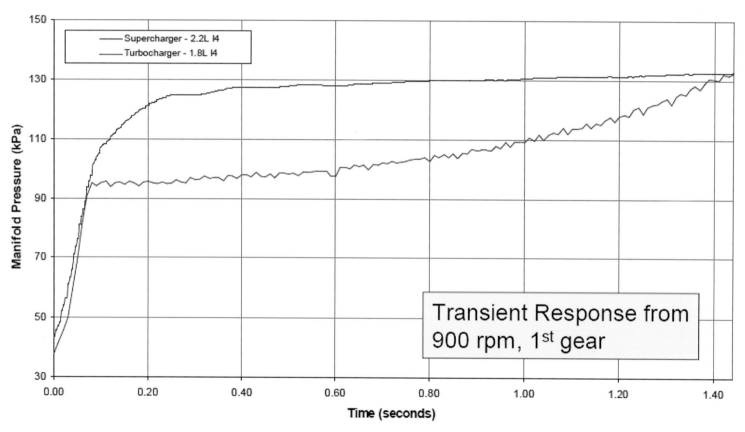

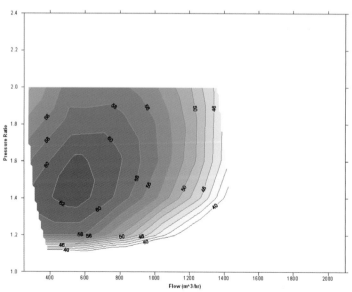

▶ 제5세대 슈퍼차저(M112) 효율분포도(EATON)

EATON제 제5세대 슈퍼차저의 열효율을 나타내는 분포도이다. 세로가 압력비이고, 가로가 유량(㎥/1시간)을 나타낸 것이다. 색이 짙을수록 열효율이 높다는 것을 의미한다.

이 그림에서는, 유량이 400~650㎥/hr, 압력비 1.3~1.65 부근의 범위가 가장 효율이 좋은 영역을 나타내고 있으며, 열효율은 62%에 달하고 있다. 또한 효율 58%~56% 범위 및 50% 이상에서도 상당히 넓은 영역에 걸쳐 실현되어 있다.

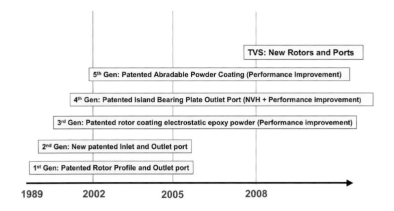

						TVS: New Rotors and Ports	
				5th Gen: Patented Abradable Powder Coating (Performance Improvement)			
			4th Gen: Patented Island Bearing Plate Outlet Port (NVH + Performance improvement)				
		3rd Gen: Patented rotor coating electrostatic epoxy powder (Performance improvement)					
	2nd Gen: New patented Inlet and Outlet port						
1st Gen: Patented Rotor Profile and Outlet port							

1989 2002 2005 2008

▶ 슈퍼차저의 진화(EATON)

EATON은 1950년대부터 사내에서 계속적으로 슈퍼차저를 검토해 왔다. 1984년부터는 제품화를 위해 본격적인 개발에 착수하여 시판하는 차량에 처음 사용한 것은 1989모델로 뽑힌 포드 선더버드(Ford Thunderbird) 슈퍼 쿠페(3800cc·V6)이다.

이 시점에서 3엽의 트위스티드 로터(Twisted Rotor)를 사용했으며, 그 후 포트 형상으로 변경하고 로터에 에폭시 전착(電着, Electrodeposition) 코팅을 하는 등의 변경을 거듭하면서 제5세대까지 진화하여 2008년에는 제6세대가 등장하였다.

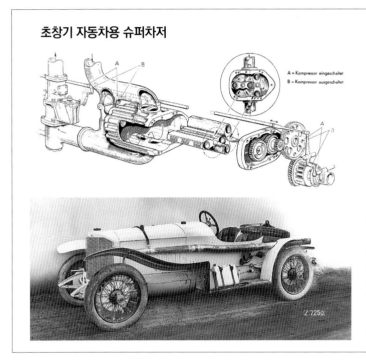

초창기 자동차용 슈퍼차저

A = Kompressor eingeschaltet
B = Kompressor ausgeschaltet

Z.2250.

메르세데스(Mercedes)도 아주 초기부터 슈퍼차저의 개발을 진행한 역사가 있다. 위 사진은 1920년대의 2엽의 로터로 구성된 슈퍼차저 구조도이다. 전체 구조로는 현재의 슈퍼차저와 크게 다르지 않다. 아래 사진은 1922년의 타르가 플로리오 레이스(Targa Florio Race)의 생산차 부분 우승차로, 95ps의 슈퍼차저 엔진을 탑재하고 있었다. 레이스 카 부문에서는 4500cc 무과급 엔진차로 1500cc 슈퍼차저 과급 엔진차를 출전시켰다.

DAIMER

엔진용 과급기의 원점. 데뷔는 18세기로 거슬러 올라간다.

과급기는 유체와의 사이에서 연속적으로 에너지를 변환·전달시키는 「유체 기계」 가운데 공기를 다루는 「공기(공압)기계」의 일종이다. JIS의 정의로는 압력 상승이 100kPa 이상인 것을 송풍기(블로어), 그 중에서 10kPa 이하인 것을 팬이라고 부른다.

말하자면 슈퍼차저의 주류인 루츠식은 내부 압축을 하지 않기 때문에 블로어로 분류된다. 이점은 「개량형 루츠식」인 EATON 제품의 슈퍼차저도 마찬가지이다. 기구에 따른 분류에서는 「용적형 펌프」에 속한다.

용적형이란 하우징과 로터로 형성되는 공간의 확대와 축소에 의한 체적의 변화를 이용하는 기계로 1행정 당 토출량이 일정하다. 즉 시간당 토출량은 회전속도에 비례한다.

내부 압축이 없어서 토출구에서는 고압쪽 공기가 내부로 역류하기 때문에 압력비가 커지면 효율의 저하와 함께 큰 토출 소음을 발생한다. 루츠식 블로어로 과급 압력을 높이는데 있어서의 어려움을 알 수 있다.

덧붙여 말하자면 「터보형」은 유체가 압축기를 지나는 동안에 에너지를 주어 압력이 높은 곳으로 보내는 기구를 나타내는 말이다. 일반적인 터보차저는 흡입된 공기가 회전축에 수직인 반지름 방향으로 흐르기 때문에 「원심형(遠心型)」에 속한다.

루츠식 블로어의 역사를 살펴보면 그 원점은 16세기 이탈리아의 라메리(Agostino Ramelli)가 저서에 기록한 원통형 로터리 피스톤식 양수(揚水) 펌프에서 찾아볼 수 있다.

1636년에는 프랑스의 파펭하임이 「기어식 펌프」를 발명하였고, 1859년에는 영국의 존즈가 기어 수를 2개로 한 석탄가스 압축기를 발명하였다. 그리고 1860년, 미국의 루츠 형제가 고안한 용광로 냉각용 송풍기가 로브 형상의 로터를 하고 있었던 이후로 현재에 이르는 기본 형식이 완성되었다.

자동차용 엔진에는 고트립 다임러(Gottlieb Wilhelm Daimler)에 의해 처음으로 1900년에 사용되었다. 시판차로서는 1921년의 베를린 쇼에 공개된 메르세데스 6/25/40ps 슈폴트가 시초이다.

레이스 세계에서는 1923년 9월의 유럽그룹에서 직렬 8기통 2000cc 엔진에 과급기를 장착한 피아트 805가 과급 엔진으로 첫 승리를 거두었다.

③ 신세대 SC의 등장으로 사용 증가 추세

슈퍼차저는 엔진의 출력축으로부터 직접 동력을 이끌어내 압축기를 구동하고 압축한 공기를 엔진으로 보내는 구조이다. 터보차저와 비교하면 응답성이 높고 저속회전 영역에서의 과급 효과가 뛰어나다는 장점이 있다. 그에 반해 엔진의 동력을 이용하기 때문에 효율이 떨어지고 고속회전 영역에서의 출력이 터보차저만큼 나오지 않는다는 단점도 있다.

이러한 과제를 해결하여 최대 76%의 열효율을 실현한 것이 이튼사의 TVS(Twin Vortices Series)이다. 루츠 형식(roots type)이지만 로터는 4엽이 심하게 비틀린 구조로 되어 있으며, 공기의 출입구 모양이 변경되어 있다.

2쌍의 4엽 로터는 비틀림이 160°의 나선형이기 때문에 시스템의 크기를 바꾸지 않고 공기를 압축하는 특성을 변경할 수 있다. 또한 이 방식은 상당히 소형이기 때문에 아우디의 V6 엔진과 같이 공간의 효율을 중시하는 엔진에도 적용하고 있다.

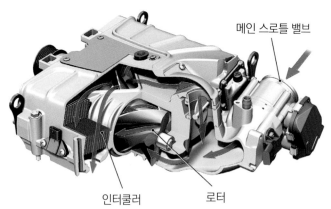

―――― 바이패스 밸브 오픈 ――――

메인 스로틀 밸브

인터쿨러   로터

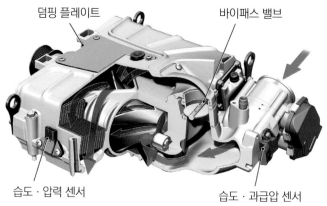

―――― 바이패스 밸브 클로즈드 ――――

덤핑 플레이트   바이패스 밸브

습도 · 압력 센서   습도 · 과급압 센서

슈퍼차저 내의 공기 흐름

슈퍼차저의 과제는 과급이 필요한 5%의 시간 때문에 나머지 95%나 되는 공기를 계속 주입시키는데 따른 손실이었다. 이튼의 TVS(Twin Vortices Series)의 경우 아이들링과 저부하시에는 바이패스 밸브가 개방되어 슈퍼차저로 흐르는 공기의 양이 줄어들어 연비가 향상된다. 고부하시에는 바이패스 밸브가 닫히기 때문에 공기를 압축하여 엔진에 보내는 본연의 역할을 수행한다.

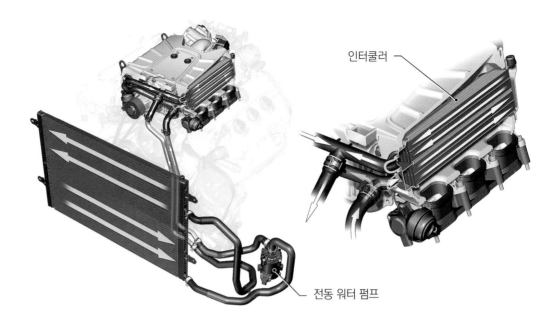

인터쿨러

전동 워터 펌프

공기를 압축하여 공기의 온도가 상승하면 공기의 밀도가 낮아져 결과적으로 과급 효율이 떨어진다. 이튼사에서는 압축기 다음에 수냉식 인터쿨러를 배치하여 콤팩트한 설계를 유지하였다. 전용의 라디에이터를 설치함으로써 냉각 성능도 높이고 있다.

AUDI 3.0L V6 TFSI
(Turbo fuel stratified injection)

이튼사의 슈퍼차저는 콤팩트한 설계로 인해 아우디 V6 엔진의 협각 90도 안쪽에 장착할 수 있었다. 압축기 후방의 배기가스 경로가 짧기 때문에 액셀러레이터 페달의 조작에 대한 응답성도 뛰어나다. 450Nm의 최대 토크를 2,500rpm에서 4,500rpm까지 깔끔하게 발휘하며 6,500rpm의 회전 한계 속도까지 신속하게 엔진의 회전속도를 상승시킬 수 있다.

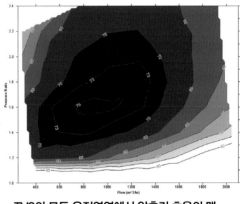

TVS의 모든 운전영역에서 압축기 효율의 맵

가로는 1시간당 통과하는 공기 체적을, 세로는 터보차저에 의한 압축비를 나타낸 그래프이다. 현재 TVS에는 7종류가 준비되어 있다. 사이즈는 350cc부터 2300cc까지 갖춰져 있으며, 600cc부터 배기량이 큰 엔진까지 대응이 가능하다.

모든 TVS는 압축비가 2.4로 세팅되어 있으며 열효율은 70% 정도를 유지한다. 루츠식은 배출 체적과 엔진의 회전속도가 거의 모든 영역에서 비례하기 때문에 터보와 비교하여 엔진에 필요한 흡기 체적을 쉽게 일치시킬 수 있다는 장점도 있다.

▶ 이튼사의 TVS(Twin Vortices Series)

TVS는 기본적으로 내부가 압축되지 않는 루츠형이지만 로터가 160°나 비틀린 구조로 되어 있어서 광범위하게 공기 유량을 확보할 수 있다.

이튼사의 TVS는 로터 형상을 변경함으로써 시스템의 크기를 바꾸지 않고도 공기의 유입량과 압축 비율을 제어하는 것이 가능해졌다.

파란색 틀로 둘러싸인 부분이 공기의 유입구이고, 붉은색 틀이 배출구이다. 공기의 흡입구와 배출구를 격리시킬 수 있기 때문에 정지 상태에서도 공기가 역류하지 않는다.

④ MCE-5 | VCRi 가변 압축비

압축비를 바꿔 연비를 개선하려는 시도

이론 공연비 때문에 일반 엔진은 압축비가 높아지면 높아질수록 에너지 효율이 높아져 최고 출력도 상승하는 반면 노킹을 방지하는 것은 어려워진다. 일반 차량의 경우 포트 분사의 무과급 엔진에서 11:1 전후, 실린더 내 직접분사라도 13:1 정도가 상한선으로 여겨져 왔다.

MCE(Multi Cycle Engine)-5사가 개발 중인 VCR(Variable Compression Ratio) 엔진은 피스톤의 상승량을 상황에 맞춰 변화시킴으로써 압축비를 6:1~15:1의 범위에서 바꿀 수 있다. 과급 엔진은 특히 노킹을 피하면서 필요한 때 압축비를 높일 수 있어서 출력의 상승과 저연비의 양립을 예상할 수 있다.

푸조 407용을 토대로 한 1500cc 직렬 4기통 가솔린 터보 엔진(포트 분사식)의 데이터를 보면 최고 출력 217ps/4000~5000rpm, 최대 토크 420Nm/1500rpm을 내고 있다. 연비는 유럽 혼합 모드에서 6.7ℓ/100km(14.9km)이다.

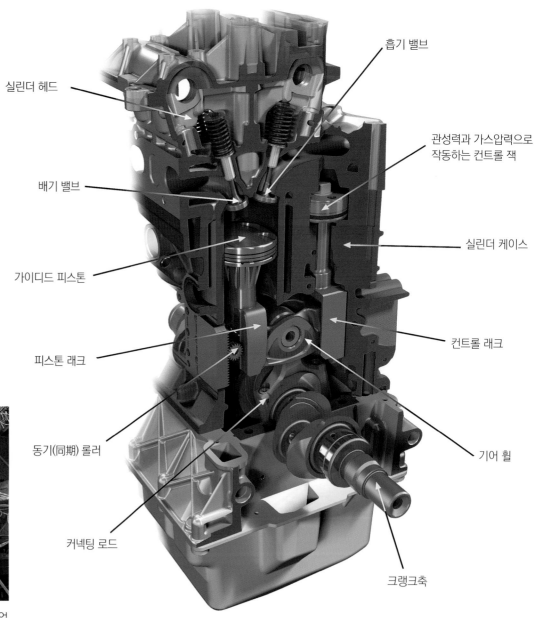

실린더 헤드

흡기 밸브

관성력과 가스압력으로 작동하는 컨트롤 잭

배기 밸브

실린더 케이스

가이디드 피스톤

컨트롤 래크

피스톤 래크

동기(同期) 롤러

기어 휠

커넥팅 로드

크랭크축

MCE-5사는 2000년에 설립된 프랑스의 벤처기업으로 같은 프랑스의 PSA그룹과 VCR 엔진을 공동 개발하고 있다. 2013~2014년에 실용화를 목표로 한것이다.

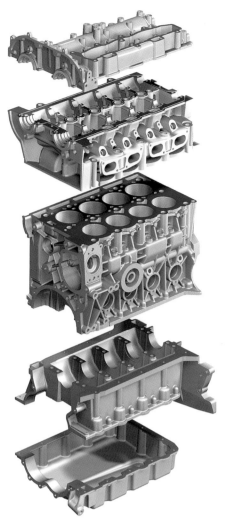

일반적인 엔진과 크게 다른 점은 실린더 블록에 1기통 당 2개의 구멍이 나 있다는 점이다. 한쪽은 피스톤이 움직이는 실린더이고 다른 한쪽은 피스톤의 상승을 조정하는 컨트롤 잭을 위한 공간이다.

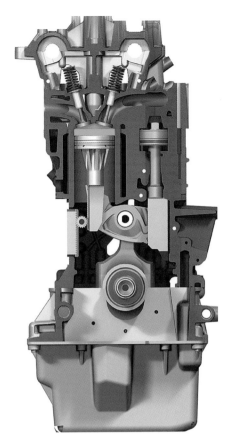

저압축비

피스톤은 기어 휠을 매개로 크랭크축 및 컨트롤 잭과 연결되어 있다. 컨트롤 잭이 위에 있으면 크랭크축이 하사점에 있더라도 피스톤이 맨 위쪽까지 올라가지는 않는다. 이로 인해 압축비가 낮아진다.

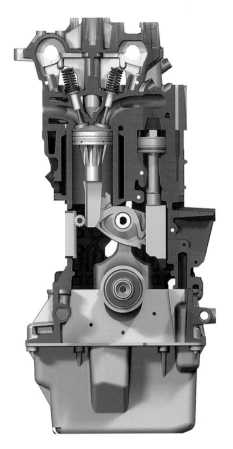

고압축비

피스톤의 작동을 규제하는 컨트롤 잭이 내려와 있을 때 피스톤 행정이 길어지기 때문에 연소실이 작아져 압축비가 높아진다.

커넥팅 로드의 상하 운동을 받아서 피스톤으로 전달하는 것이 기어 휠의 역할이다. 큰 부하가 걸리는 부분에 기어를 이용하기 때문에 뛰어난 정밀도와 내구성이 요구된다.

특수한 형상의 피스톤. 컨트롤 잭과 함께 기어로 작동하며, 수직방향으로만 반복적으로 운동한다.

기통수보다 2배 많은 구멍이 뚫린 실린더 블록이지만 강성은 일반적인 엔진과 똑같이 확보되어 있다.

① 배터리의 구조

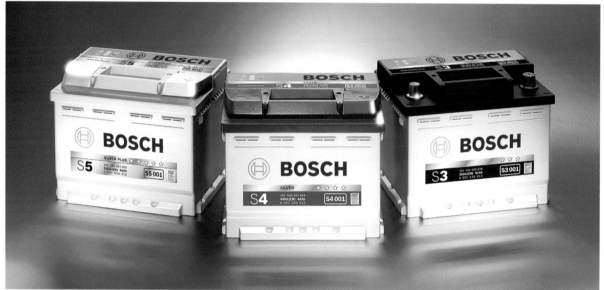

Bosch가 일본에서 발표한 납산 축전지에는 고기능의 「실버 배터리(Silver Battery)」가 주력 상품이다. 양극(+)에는 칼슘-납 합금의 주조 금속 조직을 은으로 코팅하여 사용하고 있어 내부식성, 내구성이 뛰어나다.

음극(-)에는 일반적인 프레스로 성형한 칼슘-납 합금이 이용되고 있다. 또한, 배터리 내부에서 발생한 가스를 응축시켜 수분을 전해액으로 돌아가게 하여 배터리 전해액의 감소를 막는 등 구조상의 연구도 실행되고 있다.

합금 구조의 변환과 배터리의 진화

하이브리드 자동차와 전기 자동차의 붐과 함께 주목을 받고 있는 리튬 이온 전지. 그 그늘에 숨겨진 감이 있지만 오랫동안 자동차의 전장품에 전기를 공급해 온 것은 납산 축전지였다. 1859년에 발명된 이후 납산 축전지는 100년 이상에 걸쳐서 2차 전지의 주역이었다. 공급하는 전력량의 증가에 맞춰 42V 시스템으로 이행의 유혹도 있었으나 아직도 주역은 12V 시스템의 납산 축전지이다.

12V 배터리의 내부는 6개의 셀(cell)로 나뉘어져 있으며, 셀마다 양극(+)과 음극(-)이 서로 번갈아 겹쳐져 있다. 각각의 전극을 형성하는 극판은 (+)에는 이산화납, (-)에는 해면상(海綿狀) 납이 사용된다.

그 사이에는 격리판(separator)과 글라스 매트(glass mat)가 끼워져 있으며, 묽은 황산의 전해액에 잠겨있다. 극판의 면적이 증가하면 더 많은 용량을 확보할 수 있다.

격리판(separator)은 이온 투과성을 갖고 있어서 전하를 갖는 이온이 양극판과 음극판 사이를 오가는 것으로 각각의 극판에서 전자의 교환이 일어나 극판 사이에서 발생하는 전위차를 이용하여 전류를 흐르게 한다. 극판은 납, 이산화납의 단일 조성이 아니라 대부분 합금이 사용되고 있으며, 안티몬은 극판의 강도를 높이지만 배터리 전해액의 감소와 자기 방전의 문제도 있었다.

이에 따라 자기방전을 억제하고 전해액의 감소를 방지하기 위한 목적으로 등장한 것이 양극판과 음극판에 서로 다른 납 합금을 사용한 「하이브리드 배터리」이다. 양극판은 철-안티몬 합금 그대로이지만 음극판에는 납-칼슘 합금을 사용한다. 이른바 MF((Maintenance Free Battery) 배터리이다.

음극판에 납-칼슘 합금을 사용한 「칼슘 배터리」는 가격은 비싸지만 자기 방전의 제어 성능이 뛰어나다. 아울러, 양극판에 은을 포함한 합금을 사용한 「실버 배터리」는 내열, 내부식성이 뛰어나다.

격리판의 발전도 눈부시다. 발명 당시에는 격리판으로 목재가 사용되었으나 1950년대에 글라스 매트가 채택되어 현재는 다공질 폴리에틸렌(Polyethylene)이 주류를 이룬다.

최근에는 전해질을 유리섬유의 매트에 침투시켜 사용량을 최소한으로 억제한 「글라스 매트 배터리」가 새롭게 등장하였다. 과충전으로 인한 양극판의 산소가스 발생을 억제함으로써 정비의 경감과 트렁크 등 닫힌 공간에 탑재가 가능하다. 또한, 배터리 전해액을 글라스 매트 격리판에 흡착시켜 극판을 끼우기 때문에 극판의 면적을 최대한으로 확장할 수 있어서 수용 능력을 향상시킬 수 있는 장점이 있다.

●특수 전해액 환원 구조

개방형 배터리는 액체 감소에 대응하여 전해액의 점검과 보수, 내부가스의 배출을 위한 벤트 플러그(bent plug)의 장착 등이 필수였다. 현재 MF(Maintenance Free) 배터리의 극판 뒷면은 배터리 내부에서 발생한 가스를 응축시켜 수분을 전해액으로 돌아가게 하는 특수한 전해액 환원 구조를 갖추고 있다. 또한 방폭 필터를 구비한 것도 특징이다.

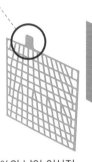

●은 배합의 주조 양극판(+ 극판)

양극판은 주조식의 은 배합 칼슘-납 합금이다. 은을 배합함으로 인해 높은 내열성과 내부식성을 발휘한다. 주조식으로 하는 것은 충방전 능력을 향상시키도록 최적화한 격자무늬(grid design)의 형태를 충실하게 재현하기 때문이라고 한다. 또한, 표면적을 넓게 하기 위한 섬세한 모양을 사진에서 볼 수 있다.

셀 한 개의 전압은 2.1V이며, 셀 6개를 직렬로 연결한 12.6V 구조이다. 직렬 구조는 그림에 표시한 전극에 의한 것이다. 전극을 중앙에 배치하여 진동에 대한 대책 및 배터리 수명의 장기화를 실현하였다.

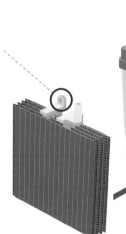

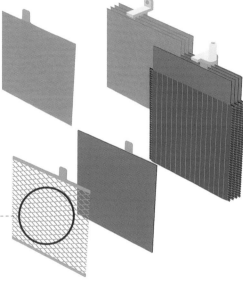

극판의 소재로써는 100%의 납이 이상적이나 강도를 확보할 수 없기 때문에 안티몬 합금의 극판이 탄생하였으나 자기 방전율이 높은 것과 전해액 감소라는 단점도 발생하였다. 이러한 문제들을 해결한 것이 현재의 주류인 칼슘-납 합금이다. 당초에는 음극판에만 사용하여 「하이브리드 배터리」라고 했으나 현재는 양극 및 음극에 같이 사용된다. Bosch 배터리는 그림과 같은 구조의 음극판을 사용한다.

●셀 안에서의 극판 수용 격자

메가 파워 실버 라이트 배터리의 셀 내부. 봉투 모양으로 보이는 것이 마이크로 포켓 격리판의 구조이다. 내산성, 내식성만이 아닌 전기 저항을 저감하여 시동 성능을 향상시킨다. 또한, 배터리 케이스 아랫면을 평평하게 하여 충전 및 방전작용에서 확장과 수축을 반복하는 극판의 손상을 저감시키는 동시에 브리지 부분의 부하를 제거하였다.

●AGM 배터리

Bosch의 신형 배터리가 AGM 배터리이다. AGM은 Absorbed Glass Mat의 약자로 전해액을 글라스 매트 격리판에 흡착시켜서 극판을 끼우는 것이 특징이다. 전해액을 주입한 구조의 경우는 전해액의 감소 시에 극판을 노출시키지 않기 위해서는 액면에서 극판의 높이를 억제해야만 했으나 AGM은 그 구조에서 대형의 극판을 사용할 수 있는 장점을 가지고 있다.

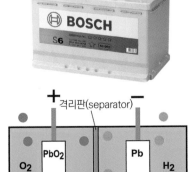

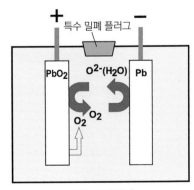

이전의 배터리   AGM 배터리

② 작고, 가볍게, 그리고 강력하게

경량화를 기술의 핵심으로, 각종 성능으로 확장

PSB사의 Flagship Blue Battery caos. PSB사의 세련된 기술을 집합시킨 제품으로 「업계 No.1 대용량」, 「최고 수준의 긴 수명」을 강조한다. 중요한 기술 중 하나가 극판의 구조이다. 박판화를 꾀하여 셀 당 수용 개수를 증가시켜 더 큰 대용량화를 실현하고 있다.

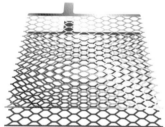

PSB사의 극판 구조의 특징은 실버 코팅이다. 칼슘 합금에 은박을 입힌 구조로 내열성능을 20% 정도 향상시켰다. 여기에다 극판의 확장 구조에서 고속 왕복(recipro) 제조법을 택하여 고운 그물(Fine mesh) 모양의 구조로 도전성을 향상시키고 있다.

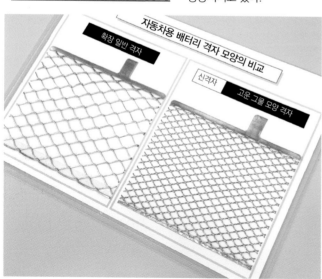

자동차용 배터리 격자 모양의 비교

확장 일반 격자

신격자

고운 그물 모양 격자

'09년 7월에는 마츠다 「i-stop」 전용 배터리를 OEM 공급. 시동 모터 작동을 빈번히 반복하여 고부하 방전 및 회생특성에 대응한다. 아래 표와 같이 외형크기는 거의 같지만 큰 폭의 경량화와 용량 확대를 달성하였다. 그 성능 때문에 가격이 올랐지만 부품 시장용으로도 검토 중이라고 한다.

전지형식은 전지공업회 규격 SBA S 0101에 의거한다.

전지형식	N-55(i-stop 전용품)	M-42(이전 제품)
외형 길이(mm)	L:238 W:129 H:227	L:197 W:129 H:227
질량(kg)	약 13.5	약 11.1
공칭 전압(V)	12	12
5시간율 용량(Ah)	36	30

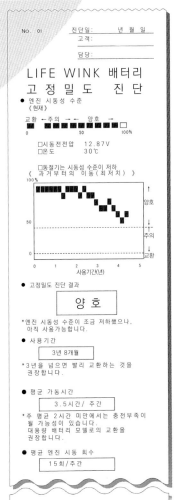

NO. 01   진단일: 년 월 일
고객:
담당:

LIFE WINK 배터리 고 정밀도 진단

● 엔진 시동성 수준
《현재》

교환 ←주의 → 양호

0   50   100%

□시동전전압   12.87V
□온도   30℃

《동결기는 시동성 수준이 저하
《과거부터의 이동 (최저치)》

● 고정밀도 진단 결과

양호

*엔진 시동성 수준이 조금 저하 했으나,
아직 사용가능합니다.

● 사용 기간

3년 8개월

*3년을 넘으면 빨리 교환하는 것을
권장합니다.

● 평균 가동시간

3.5시간 / 주간

*주 평균 2시간 미만에서는 충전부족이
될 가능성이 있습니다.
대용량 배터리 모델로의 교환을
권장합니다.

● 평균 엔진 시동 회수

15회 / 주간

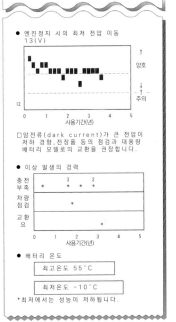

● 엔진정지 시의 최저 전압 이동
13(V)

양호
주의
12

0   1   2   3   4   5
사용기간(년)

□암전류(dark current)가 큰 전압이
저하 경향, 전장품 등의 점검과 대용량
배터리 모델로의 교환을 권장합니다.

● 이상 발생의 경력

	1	2	3	4	5
충전부족			* * * 3	2	
차량점검			*		
교환요				*	

사용기간(년)

● 배터리 온도

| 최고온도 55℃ |
| 최저온도 −10℃ |

*최저에서는 성능이 저하됩니다.

※프린트 출력은 인쇄 모드 [상세]에서의 예입니다. 인쇄
모드 [간이]에서는 엔진 시동성 수준, 고정밀도 진단 결
과, 사용 기간, 평균 가동 시간의 4항목에 한정합니다.

LIFE WINK에 축적한 데이터는 판매점에 설치된 전용 대응 시험기 블루 분석기에서 출력할 수 있다. 현재 상태분만 아니라 평균 가동시간과 평균 엔진 시동회수, 엔진 정지 시 암전류(dark current)의 모니터, 배터리 본체의 최고, 최저 온도 등 환경과 상황을 둘러싼 모든 것을 알려주는 것이 강점이다.

LIFE WINK 전용 테스터 블루 분석기. 오른쪽 사진의 카드 리더기는 비접촉식 광신호 리더식으로 LIFE WINK에 장착하는 것만으로 데이터 수집이 가능하다. 위 사진에서 위쪽 LIFE WINK는 9V 각 전지에서도 동작 상황을 볼 수 있도록 한 시범 장치이다.

배터리의 수명 판정 유닛, LIFE WINK. 처음에 시동 모터를 작동시켰을 때의 전압을 벤치마크로 기억한다. 이후의 충방전 상황과 엔진 정시 시의 암전류 등 모든 상태를 기억해 나간다. 따라서 배터리가 신제품일 때부터 장착해야 하며, 또한 판정할 수 있는 수치를 PSB 제품으로 하기 때문에 타사 제품은 취급하지 않는다.

Panasonic Storage Battery(PSB)는 2004년에 설립되었다. 역사는 짧지만 모체인 National 축전지는 1935년부터 긴 역사를 갖고 있다. 실제로 OEM 사업에 역점을 둔 경험이 있으며, 부품 시장에는 최근에 진출하였다. 그러나 너무 특색이 있는 제품이어서 「환경 친화적 배터리」로 평판이 높다. PSB 배터리 기술의 핵심은 경량화이며, 이 기술에서 핵심은 극판을 얇게 만드는 것이다. 자동차 제작사의 소형 경량화 요구가 엄격한 상황에서 PSB는 10년 전의 제품에 비해 10%나 큰 폭으로 경량화를 이루고 있다. 납산 배터리의 극판 구조는 주조식(틀에 주물을 넣는 방식)과 확장식(시트 납에 잘라 넣은 것을 잡아 늘이는 방식)이 있으며, 확장식은 자른 것을 넣는 방법으로 로터리식(회전 다이스/dice)과 왕복식(왕복 다이스/dice)으로 크게 구별된다. PSB 극판은 모두 확장식이며, 고속 왕복식이라고 하는 생산 방식으로 극판

의 격자 구조를 작게 만든다. 또한, 충전 특성에서 격자의 배치를 최적화하여 상부는 두껍게, 아래로 갈수록 작게 한다. 이것들로 인해 이전의 격자와 비교하여 밀도를 실제로 4배, 도전성능을 1.5배 더 증강하였으며, 더욱이 PSB는 은박을 미세한 격자 구조에 붙이는 특허기술도 보유하고 있다. 내열성능을 20% 정도 향상시켜 배터리의 수명을 길게 하는데 크게 기여하고 있다. 얇게 할수록 단위 셀에 극판의 수용 매수를 증가시킬 수 있기 때문에 배터리의 용량을 크게 할 수 있다. 즉, 이전 제품과 같은 체적이지만 더 강력한 배터리를 확보할 수 있다. PSB 배터리가 가볍고 작지만 대용량인 것은 다름이 아니라 핵심 기술인 경량화와 같은 장점을 최대한 제품에 활용했기 때문이다.

엔진의 시동에 없어서는 안 될 구성품인 반면,
시동 후에는 사하중(dead weight)이 되기 때문에 소형·경량화가 필요하다.

●설치 위치와 작동 원리

플라이휠(flywheel)의 링 기어를 직접 회전시키기 때문에 시동 모터가 설치되는 위치는 반드시 변속기와 엔진의 경계가 된다. 순간적이긴 하지만 엔진의 전장품 중에서 최대 용량의 대전류를 필요로 하기 때문에 배터리와 직접 배선을 한다.

시동을 하면 그 후는 작동할 일이 거의 없고 단순히 무게만 차지하기 때문에 소형 경량화를 꾀하게 되었다. 직접식과 감속식(reduction)식으로 크게 구별하며, 피니언 기어가 모터 축과 같은 축인 것이 직접식이다.

그만큼 토크를 필요로 하지 않는 2륜 자동차나 클러치의 단속이 가능한 MT 차량 등에서 사용한다. 감속식은 고속형으로 소형 모터의 출력을 중간에 기어를 배치하여 감속함으로써 높은 토크를 얻는 방식이다. 감속하는 방법으로 유성기어(planetary gear)를 사용하는 것도 있다.

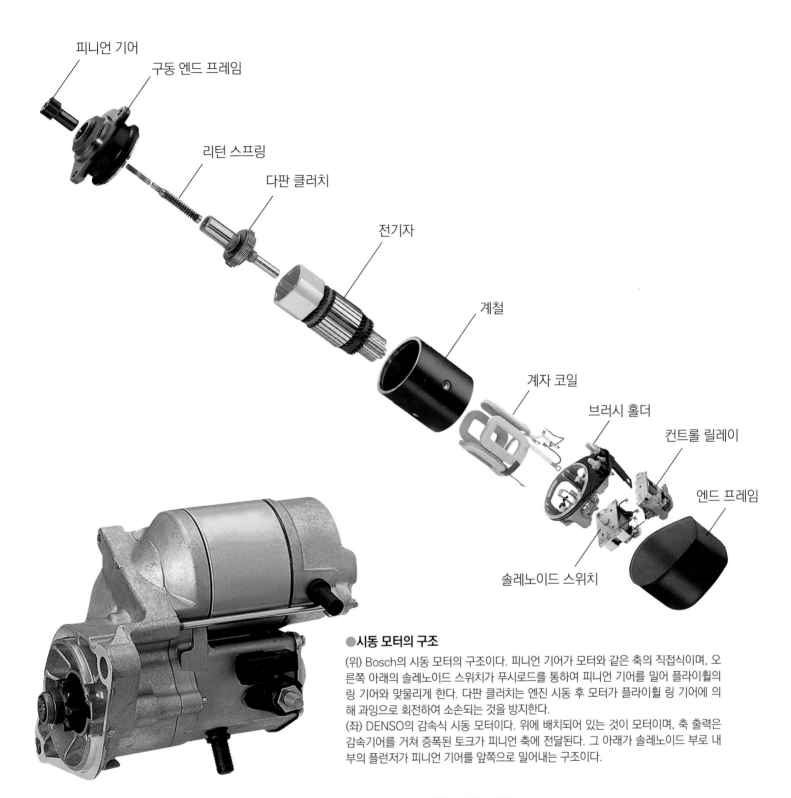

피니언 기어

구동 엔드 프레임

리턴 스프링

다판 클러치

전기자

계철

계자 코일

브러시 홀더

컨트롤 릴레이

엔드 프레임

솔레노이드 스위치

●시동 모터의 구조

(위) Bosch의 시동 모터의 구조이다. 피니언 기어가 모터와 같은 축의 직접식이며, 오른쪽 아래의 솔레노이드 스위치가 푸시로드를 통하여 피니언 기어를 밀어 플라이휠의 링 기어와 맞물리게 한다. 다판 클러치는 엔진 시동 후 모터가 플라이휠 링 기어에 의해 과잉으로 회전하여 소손되는 것을 방지한다.

(좌) DENSO의 감속식 시동 모터이다. 위에 배치되어 있는 것이 모터이며, 축 출력은 감속기어를 거쳐 증폭된 토크가 피니언 축에 전달된다. 그 아래가 솔레노이드 부로 내부의 플런저가 피니언 기어를 앞쪽으로 밀어내는 구조이다.

예전에는 엔진의 시동은 사람이 엔진의 크랭크축에 크랭크 모양의 봉을 꽂아 돌려 이루어졌다. 쉽게 추측할 수 있는 것처럼 이것은 극히 위험한 일로 시동 시에 시동 실패에 따른 크랭크축의 역회전으로 의해 사람이 다치거나 때로는 사망하는 경우도 있었다.

이러한 재해를 제거하기 위해 시동 모터를 개발 하였다. 1912년 캐딜락에 탑재된 것이 세계 최초이며, 구조는 모터 본체와 솔레노이드 스위치로 나뉜다. 완전 정지 상태에서 엔진을 시동하기 때문에 모터는 저속 회전에서 토크가 풍부한 직류 직권식을 사용한다.

일반적으로 가솔린 엔진이라면 1kW 전후의 출력을 필요로 하지만 이것은 JIS에 의해 정해진 정격 30초로 연속 사용은 고려되지 않았다. 이것은 실제 사용되는 방법-겨우 수초의 크랭킹(cranking)-을 생각해 보아도 충분히 이해할 수 있을 것이다.

압축비가 높은 디젤 엔진이나 토크 컨버터식 AT는 출력이 높은 모터를 설치한다. 시동 스위치가 ON 되면 솔레노이드가 작동하여 모터의 출력축을 밀어내 피니언 기어를 플라이휠의 링 기어와 맞물리게 한다.

엔진이 시동되면(운전자 인식상태에서) 운전자가 시동 스위치를 OFF시켜 시동 모터로 공급되는 전류가 차단되기 때문에 피니언도 동시에 플라이 휠 링 기어에서 분리된다.

만약에 엔진이 시동된 이후에 전류가 모터에 계속 공급되어 플라이휠의 링 기어에 의해서 시동 모터가 과속으로 회전하여도 시동 모터의 다판 클러치 (over running clutch)가 공전하여 과잉의 회전으로 모터가 소손되는 것을 방지하는 구조로 되어 있다.

(1) 불꽃을 발생하는 구조

(1) 점화장치의 역사와 변천

목표 시점에 혼합기가 가진 에너지를 남김없이 팽창행정에 이용하기 위해 확실하게 불꽃을 발생시킨다.
공회전 속도부터 한계 회전속도의 영역까지 확실한 착화를 담보하기 위한 구조는 어떤 형태를 취하고 있을까.

자동차의 여명기에서부터 점화 에너지는 전기를 이용하여 왔다. 점화 플러그에 흐르는 고전압은 코일의 자기 유도 작용과 상호 유도 작용이라는 두 가지의 특성을 이용하여 만들어지고 있다.

코일에 전류를 흘려 코일을 자화(磁化)하면, 주위에는 자계가 발생한다. 전류를 차단하면 당연히 코일은 자기를 소거하기 시작하지만 전기에는 관성력처럼 현상을 유지하려고 하는 작용(기전력)이 있어서 순간적으로 고전압이 발생한다.

이것을 자기 유도 작용이라고 한다. 회로 내에 흐르고 있던 전류량이 많을수록, 차단하는 시간이 짧을수록 높은 전압을 발생시킬 수 있다는 점이 특징이다.

상호 유도 작용이란 동일한 철심을 사용하는 두 개의 코일에서 한쪽 코일의 회로를 단속하면, 다른 쪽의 코일에 기전력이 생기는 현상이다. 이때 두 코일의 권수를 다르게 하면 발생 전압을 증폭시킬 수 있다.

점화 코일의 경우에는 직류 12V를 인가(印加)하는 1차 코일의 권수에 대해 2차 코일의 권수를 약 100배로 하여 수만 V를 발생시키고 있다. 쉽게 상상할 수 있듯이 1차 코일의 에너지를 높이면 2차 코일의 출력도 높아진다.

일종의 트랜스(변압기)라고도 할 수 있는 이 점화 코일을 이용하여 점화 플러그에 불꽃을 발생시키는 방법은 현대에서도 그 기본은 변함이 없다. 점화장치의 진화는 기계적인 신뢰성의 추구, 고속회전으로 운전할 때의 착화 지연에 대한 대응, 고에너지의 생성을 위한 연구 등이 자기 유도 작용과 상호 유도 작용을 얼마나 효율적이고 확실하게 실현하는가의 반복이었다.

실린더 내의 고온고압 상태의 혼합기에 불을 점화한다.

실린더 내에서 격렬하게 유동하면서 압축되어 온도가 높아진 혼합기에 착화한다. 요즘에는 고과급 엔진이나 EGR 도입, 직접분사에 따른 성층, 강한 와류나 고압축비 설계 등 점화 플러그 입장에서는 불꽃을 발생시키기 힘든 상황이 많아졌다.

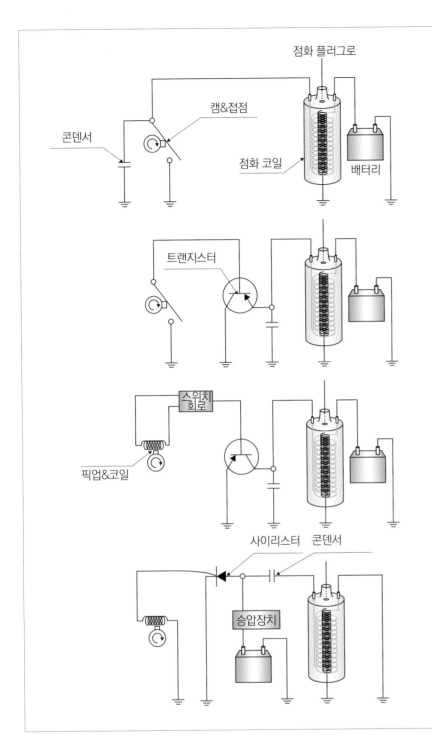

점화 플러그로

캠&접점

콘덴서

점화 코일

배터리

트랜지스터

스위치 회로

픽업&코일

사이리스터   콘덴서

승압장치

② 점화장치의 종류와 특징

점화장치의 진화 이유도 다른 보조 장치의 흐름과 마찬가지로 기계식에서 전자식으로 변해왔다. 기계장치는 아무래도 일정한 성능을 유지하기 위해서는 정기적인 정비가 필요하고 운전자에게도 지식이 요구되었다.
날씨나 온습도에 따라서도 부조화가 발생하기도 한다. 전자기기의 진화와 저렴화 덕분에 지금은 점화장치가 어떻게 동작하고 있는지 몰라도 아무 문제가 없을 만큼 긴 수명과 고도화를 자랑하고 있다.

상 : 접점식 점화

코일의 자기 유도 작용과 상호 유도 작용을 일으키기 위한 스위치 회로인 캠&접점을 갖춘 가장 간단한 점화 장치이다. 스위치 회로와 병렬로 연결된 콘덴서는 회로를 차단하였을 때 접점 부분에서 발생하는 불꽃의 발생 억제와 통전할 때 순식간에 에너지를 가해 1차 전류의 공급을 빨리하는 역할을 한다.

중상 : 세미 트랜지스터 점화

접점이 열릴 때 발생하는 불꽃 때문에 접점 부분이 소손되면 연마나 갭의 조정 등과 같이 정기적인 정비가 필요하기 때문에 번거롭다. 그래서 캠&접점에 의한 스위치 회로는 그대로 두고 단속 신호를 트랜지스터에서 받아 유도 작용을 제어하는 구조로 만든 것이 이 방식의 특징이다.

중하 : 풀 트랜지스터 점화

세미 트랜지스터 점화로 접점의 소손 문제는 해소되었지만 여전히 캠이라는 물리 적 접촉 부위는 남게 됨으로서 마모의 문제를 피할 수 없다. 그래서 단속 신호의 생성을 코일&픽업으로 하여 비접촉한 것이 풀 트랜지스터 점화이다. 기계의 작동 부분이 완전히 없어진 것은 큰 장점이다.

하 : CDI(Condenser Discharge Ignition)

고속회전에 의해 스위칭의 주파수가 높아지면 「차단하는 시간이 짧아질수록 고전압」이라는 자기 유도 작용에 반해 발생 전압이 낮아진다. 그래서 픽업에 의한 타이밍 기구와 승압장치+콘덴서에 의한 축전을 사이리스터를 통해 단번에 1차 전압으로서 방출하는 구조로 만든 것이 이 방식이다.

↑ 배전기

점화 코일에서 발생한 2차 전압을 점화 플러그 배선을 통해 각 실린더에 배분하는 것이 배전기이다. 장치의 가장 윗부분의 배전부와 픽업&코일의 신호부를 하나의 축에 이중구조로 하고 있다.

← 폐자로형 점화 코일

위 네 가지 그림은 모두 점화 코일을 원통형(개자형)으로 하는데 반해 발생하는 자력선이 외부로 누설되지 않도록 하여 소형 고효율화한 것이 폐자로형 점화 코일이며, 현재의 주류이다.

→ 스틱 코일(직접 점화 코일)

고전압을 점화 플러그 코드로 배전하는 것이 아니라 점화 플러그 바로 위에 배치되어 승압시키는 것이 스틱 코일이다. 배전기가 필요 없기 때문에 직접 점화 코일이라고도 한다. 당연히 스틱 코일이 점화 플러그 수만큼 필요하다.

② 배전기 및 점화 플러그의 고전압 케이블

점화 코일(ignition coil)에서 직접 고전압을 배전하는 DI(Direct Ignition)화가
진행 중인 요즈음에는 이미 구식 부품으로 취급하는 단계이다.

●점화 플러그 고전압 케이블의 요건

점화 플러그 고전압 케이블에 요구되는 중요한 요건인 「잡음을 방출하지 않을 것」에 비추어 보면 그냥 낮은 저항을 추구해서는 안 되는 사정이 있다. 잠정적으로 저항 값 0Ω의 점화 플러그 고전압 케이블을 사용한다고 해도 불꽃이 강해지지는 않고 오히려 점화에 동반하는 잡음의 발생에 의해 차량의 전자기기 오작동과 라디오 잡음, 주변에 방해 전파를 발산하는 등 피해를 초래한다. 점화의 강약은 어디까지나 점화 장치에서 기인한다.

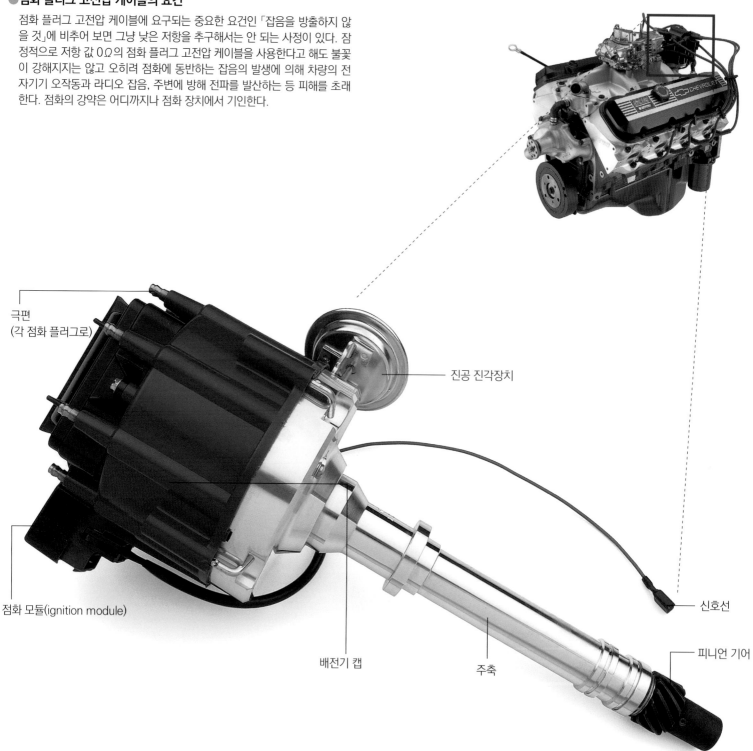

극편
(각 점화 플러그로)

진공 진각장치

점화 모듈(ignition module)

신호선

배전기 캡

주축

피니언 기어

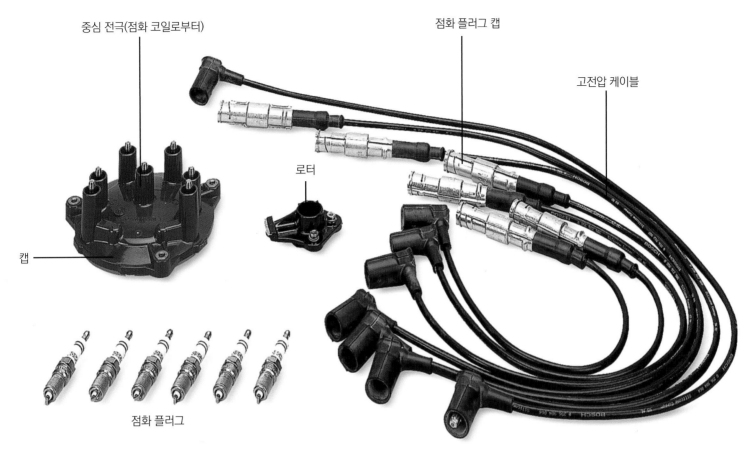

중심 전극(점화 코일로부터)

점화 플러그 캡

고전압 케이블

로터

캡

점화 플러그

●일반적인 수리용 부품 키트

Bosch의 점화계통 수리용 부품 키트. 시간이 경과되면서 열화로 성능의 불량을 일으키기 쉬운 부품을 중심으로 구비하였다. 수만 볼트나 되는 2차 전압은 점화 플러그 케이블을 통하여 점화 플러그에 도착하는데 당연한 얘기지만 배전기로부터 거리가 멀어질수록 손실의 정도는 높아진다.

순정품으로 흔히 사용되는 점화 플러그 케이블은 카본이 사용되는데 가격이 싸고 대량 생산에 적합하지만 무리하게 잡아당길 때 절단되기 쉽거나 강한 전압을 받으면 말 그대로 달궈지는 등의 단점이 있다.

그렇게 되지 않도록 도체에 구리 등을 사용하지만 부품 시장용 부품으로써 인기를 얻고 있다. 캡과 로터 사이에 약간의 틈새가 생기기 때문에 부식되어도 닦아내면 안 된다. 또한, 조금이라도 균열이 생기거나 깨지면 기능을 다 할 수 없기 때문에 교환이 필요하다.

배전기는 주로 3가지의 기능을 하는데 첫 번째가 배전 기능이다. 캡 중앙의 중심 전극에 점화 코일로부터 전달된 고전압을 주축에 설치된 로터가 중심 전극으로부터 점화 플러그 케이블로 배전을 시행한다. 캡과 로터는 접점을 사이에 두고 물리적으로 연결되어 있으나 로터와 각 극편은 접촉이 없으며, 고전압은 불꽃 형태로 캡을 통과한다.

두 번째 기능은 고전압을 만들기 위해 단속 신호를 생성하는 것이다. 예전의 접점식 점화 장치에서는 주축이 캠을 통하여 접촉 접점을 열고 닫도록 하여 단속 신호를 만들고 점화 코일에서 2차 전압을 발생시켰다.

그러나 접촉 접점 사이에 항상 고전압에 의한 불꽃 발생으로 접점을 거칠게 만들고 캠의 마모에 동반한 행정 부족 등으로 인해 빈번한 수리를 필요로 하는 부위도 나타났기 때문에 접촉 접점을 전기식 스위치로 바꾸는 세미 트랜지스터(semi-transistor)식과 크랭크 각 센서와 점화기(igniter)로 완전 무접점인 풀 트랜지스터(full transistor)식으로 진화를 계속했다.

세 번째는 진각 기능이다. 고속으로 회전하는 경우에는 화염 전파 속도가 보통으로는 따라가지 못하여 점화시기가 늦어지기 때문에 원심력을 이용한 조속기(governor)로 점화시기를 빠르게 한다. 한편, 경부하 시 압축 압력이 낮음으로 인하여 화염 전파 속도가 낮을 때의 점화 진각은 흡기 다기관에서의 진공을 이용하여 이루어진다.

③ 점화 코일

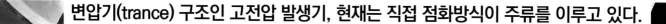

변압기(trance) 구조인 고전압 발생기, 현재는 직접 점화방식이 주류를 이루고 있다.

● **직접 점화 코일(Direct Ignition Coil)**

최근 DENSO 제품의 주류인 직접 점화방식의 점화 코일이며, 직접 점화방식을 DLI(Distributor Less Ignition)라고 한다. 종래의 점화 코일~고전압 케이블~배전기~점화 플러그 고전압 케이블이라는 구조는 물리적인 거리로 인해 중간에 손실이 발생하기 때문에 이것들을 모두 하나로 통합하였다.

실린더마다 점화 코일을 설치하고 거기에 저전압 전류(1차 전류)만을 보내는 구조로 성능의 향상과 안정화를 가져왔다. 그 전 단계로 배전기, 점화 코일, 점화기(ignitor) 등을 하나로 한 IIA(Integrated Ignition Assembly) 장치, 배전기를 없애고 코일 전압을 직접 플러그에 전달하는 D-DLI(DLI with Double ended coil), 그리고 현재의 S-DLI(Single ended coil) 등으로 진화하였다.

헤드 고정 구멍

점화 코일

플러그 접속구

커넥터 접속부

2차 출력 단자(중심 전극)

1차 입력 단자

코일 몸체

● 개자로형 점화 코일(Open Magnet type Ignition Coil)

원통형의 몸체가 특징이며, 중심부에 2차 코일, 바깥쪽에 1차 코일이 감겨있다. 내부에는 오일로 채워져 절연과 냉각을 실행한다. 개자로(open magnet) 및 폐자로(close magnet)는 코일의 자력선을 외부에서 차단하는지 여부의 차이이다.

코일의 권선이 외부에 노출되어 있으면 자력선은 그 주변을 크게 원을 그리게 되어 외부로 새고 만다. 그렇게 되지 않도록 코일의 권선을 자성체로 커버하여 자력선을 새지 않도록 한 구조가 아래쪽에 보이는 폐자로형이다.

2차 출력 단자

1차 입력 단자

코일 몸체

● 폐자로형 점화 코일(Close Magnet type Ignition Coil)

AC Delco의 폐자로형 점화 코일의 예. 위쪽의 설명문에도 기술되어 있듯이 자력선을 차단하는 구조를 방지하는 것이 바깥 테두리의 몸체라는 것을 알 수 있다. 또한, 개자로형에 비하여 권선비(1차측 : 2차측 코일의 권선비)를 적게 할 수 있어서 소형 경량화가 가능한 것도 특징이다.

직접 점화 장치가 등장하기 전에는 이 폐자로형 점화 코일이 주류를 이루었다. 또한, 2륜 자동차에서는 현재도 이러한 점화 방식이 주류를 이룬다. 개자로형 코일에 비하여 임피던스(impedance) 값이 낮기 때문에 단순히 바꾸는 것은 점화기의 파손 등 장치의 고장을 일으키기 때문에 주의를 요한다.

점화 코일은 점화 플러그에서 스파크를 생성할 수 있도록 고전압으로 승압시키는 장치로 그 원리는 코일의 자기 유도 작용과 상호 유도 작용을 이용한 것이다.

철심에 감은 코일에 전류를 흐르게 하려는 것에 대하여 흐르지 못하도록 하려는 방향으로 힘이 작용하고 반대로 전류를 차단하려는 것에 대하여 계속 흐르게 하려는 힘이 작용한다. 즉 코일의 전류 변화를 방해 하려는 이 현상이 자기 유도 작용으로 1833년에 렌츠의 법칙(Lenz's Law)으로 확립되었다.

또 하나의 상호 유도 작용은 두 개의 코일을 나란히 놓고 한쪽의 코일에 전류를 공급하여 흐르게 하면 다른 한쪽의 코일에 기전력이 발생하는 현상이다. 변압기가 이러한 구조를 채택하고 있으며, 점화 코일도 이와 같은 구조로 되어 있다.

예를 들어, 권선 수가 적은 1차 측의 코일에 흐르는 전류를 급격하게 차단함으로써 자기 유도 작용에 의한 고전압을 발생시키고 동시에 상호 유도 작용에 의해서 권선 수가 많은 2차 측의 코일에도 고전압이 발생되는 구조이다.

1차 측의 전류를 차단하는 구조에는 스위치 구조에 의한 접점식과 세미 트랜지스터식, 비접촉 방식으로 풀 트랜지스터식, 그리고 차단하지 않고 모아둔 전하를 한꺼번에 방전하는 CDI(Capacitor Discharge Ignition)식 등이 있다.

이러한 방식의 차이에서 볼 때 CDI용의 점화 코일은 임피던스(impedance) 값을 비롯하여 특성과 목적이 다른 제품이다.

④ 점화 플러그(Spark Plug)

**엔진의 가혹한 작동 부하에 대응하여 고내구성과 고착화성을 추구
최근에는 이리듐 합금 사용이 주된 경향**

●DENSO 이리듐(iridium) 점화 플러그

현재, 세계에서 가장 가는 중심 전극을 자랑하는 덴소(DENSO) 이리듐 점화 플러그(φ0.4mm)이다. 중심 전극을 가늘게 하여 좀처럼 열을 빼앗기지 않도록 하고, 착화성을 높였다. 이리듐은 백금보다도 용융점(녹는점)이 700℃ 정도로 높기 때문에 높은 내구성을 기대할 수 있는 소재였지만 반면에 내산화성이 떨어진다는 문제가 있다.

덴소(DENSO)는 로듐과의 합금화를 꾀하여 문제를 해결하였다. 또한, 접지 전극의 형상도 단면을 U자형으로 하여 간극을 넓히지 않고, 거기에 중심 전극과의 간극 형성을 가능하게 하였다.

불꽃을 크게 성장시키기 위해서는 간극을 크게 할 필요가 있지만 그렇게 하면 점화를 위한 요구 전압이 높아진다. U자 구조로 트레이드오프(trade off)를 일으키지 않는 해결을 꾀했다.

●다양한 접지 전극

레이싱 플러그(racing plug)에서는 접지 전극의 모양도 여러 시도가 있었다. 기본적으로는 접지 전극이 튀어나와 열 손실을 최소한도로 억제하는 것이 목표로 가장 극단적인 것으로는 접지 전극이 다수인 플러그이며, 360도 방향으로 불꽃을 튀게 할 수 있다.

●Bosch 퓨전

Bosch의 플래그 십 플래티넘 이리듐 퓨전 점화 플러그이다. 가장 큰 특징은 이리듐을 사용한 4극의 접지 전극으로 이루어진 구조이다. 소모를 분산하여 안정된 간극의 확보를 이룬 구조이다.

점화 코일에서 발생한 수만 볼트의 고전압을 최종적으로 점화 원으로 하는 것이 점화 플러그이다. 중심 전극과 접지 전극 사이에 간극을 만들어 고전압을 인가함으로써 그 사이에서 불꽃 방전을 하는 구조이다.

최고 수천 °C에 달하는 연소 온도와 고압에 견디면서도 항상 안정된 불꽃 방전을 실현하기 위해서 점화 플러그는 여러 가지의 구비 조건이 요구된다. 중심 전극은 오염 물질에 견디는 성질, 충격에 견디는 성질 및 조기 점화의 방지 등과 같은 매우 엄격한 조건이 요구된다.

점화 성능이 접점 식에서 트랜지스터 식으로 진화하지도 않았을 때 점화 플러그의 요구 전압과 방열을 꾀할 중심 전극의 가장 가까운 곳까지 동심을 갖추어 넓은 범위에서의 작동을 가능케 한 것이 1960년대로 거기에 전파 방해를 방지하기 위한 저항의 삽입(1970년대)과 소재의 변경으로 수리의 필요성을 없애는 등(1980년대) 점화 플러그는 언제나 엔진의 효율을 개선하기 위해 최전선에서 개발이 진행되어 왔다.

점화 플러그 자체가 받는 열을 어떻게 실린더 헤드로 방출할 것인가 하는 점은 하우징 내부의 애자 길이를 길게 하여 연소열을 빼내기 쉽게 하는 열형(hot type), 반대로 짧게 하여 중심 전극의 온도를 높이는 냉형(cold type) 중에서 용도에 따라 선택하여 사용할 수 있는 형태로 되어 있다.

최근의 경향은 단연 중심 전극의 소재 변환이다. 이전의 니켈에서 백금으로, 일부에서는 내구성을 해결한 은이 있으며, 거기에 추가하여 이리듐으로 진화하고 있다. 또한, 실린더 헤드의 배치 제약으로 점점 가늘어지고 길어지는 것도 특징이다.

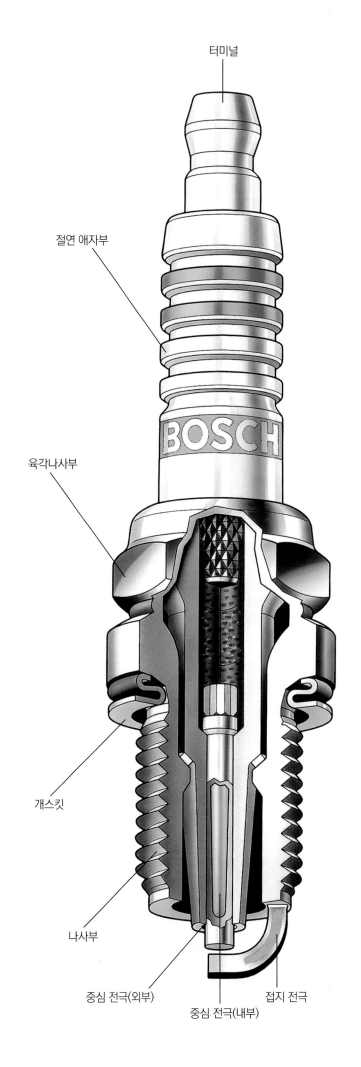

터미널

절연 애자부

육각나사부

개스킷

나사부

중심 전극(외부)

중심 전극(내부)

접지 전극

⑤ 현재의 가솔린 엔진용 점화 플러그

점화 플러그의 진화가 엔진의 성능을 향상시켰다.

압축 착화 방식인 디젤 엔진에 비해 가솔린 엔진은 불꽃 점화가 필수이다. 그렇다고 그냥 단순하게 연소실 내에서 공중 방전만 시키면 되는 것은 아니다. 바야흐로 점화 플러그는 엔진별 전용의 개발이 이루어지고 있다.

이 플러그는 원형의 팁들이 마주보는 「DFE(침-침)」이라고 하는 타입이다. 접지 전극 쪽의 팁은 전체가 레이저 용접으로 접합되어 있으며, 제조 공차는 엄격하게 관리된다. 2003년 무렵부터 연비의 목적으로 이러한 형상의 점화 플러그가 나타났다. 물론 본체 내부의 설계도 항상 개량이 계속되고 있다

끝이 가늘어진 본체 쪽의 이리듐 합금 전극과 J자형의 접지 전극 끝에 저항 용접으로 접합된 사각의 플래티늄 합금 팁이 서로 마주하고 있다.

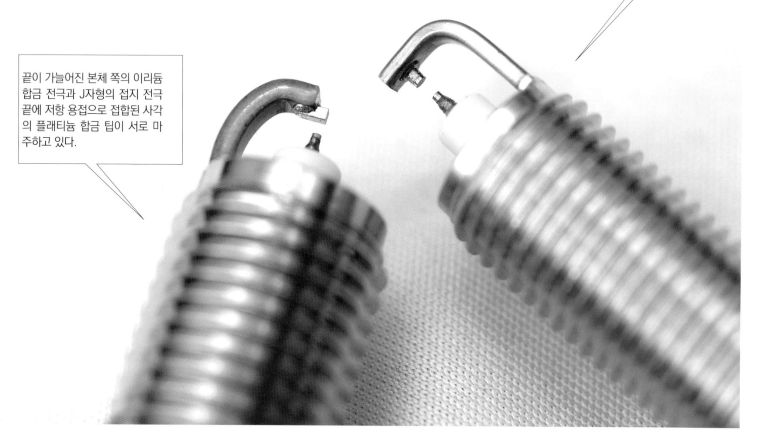

점화 플러그에 투입하는 기술은 로(low) 테크놀로지가 아니라 하이(high) 테크놀로지이다

점화 플러그의 역할은 혼합기에 「착화」하는 것이다. 서로 떨어진 (+)와 (-) 전극 사이에서도 전하는 공중을 날아서 흐른다는 성질을 이용하여 점화 플러그는 연소실 안으로 전기 에너지를 날린다.

이로 인해 중심 전극과 접지 전극 사이에 작은 간극(갭)에 국소적인 높은 에너지 부분을 만든다. 그 에너지양은 불과 30~60mJ 밖에 안될 만큼 적지만 피스톤이 상승함에 따라 실린더 내의 혼합기는 활발한 운동을 하면서 압축된다.

이때 혼합기의 온도는 점점 상승하기 때문에 1mm 정도의 갭을 통과하는 가열된 미세한 연료의 입자를 착화시키는데 이 정도의 에너지 양으로 충분하다. 공중으로 방전된 전기 에너지를 받은 연료 입자 안에서는 즉각 C(탄소)와 H(수소)의 분자 결합이 해체되면서 혼합기 안에 있는 O(산소)와 화학반응이 일어난다. 산화(연소)인 것이다.

연료 입자의 한 군데에서 반응이 일어나면 차례로 새로운 반응이 연쇄적으로 이어진다. 가솔린 엔진의 경우 한 군데에 착화하면 반응이 옆으로, 옆으로 전해진다. 이것이 화염전파로서 디젤 엔진과는 다른 가솔린 엔진의 연소 형태이다.

플러그 점화 방식이 정착한지 벌써 한 세기 이상이 지났다. 그러나 점화 플러그 및 점화 시스템은 계속 진보하고 있다. 위 사진은 최근 고압축비 가솔린 엔진을 위해 개발된 점화 플러그의 전극부분이다.

본체 중심에서 튀어나온 전극은 뿌리 쪽보다 끝이 가늘다. 표준적인 점화 플러그에서는 니켈 합금으로 만들어지는 부분이지만 이 제품에서는 이리듐 합금을 사용했다. 방전이 일어나는 전극의 끝부분은 반드시 소모가 진행되기 때문에 만년필의 펜촉으로 사용되는 이리듐 같이 고융점 소재의 사용이 진행 중이다.

터미널

점화 코일로부터 전력을 받는 부분이다. 여기에 점화 코일이나 점화 플러그 고압 케이블을 접속한다. 단자를 탈착할 수 있는 분리형과 탈착할 수 없는 일체형이 있다. 당연히 소재는 통전성이 있는 금속이다.

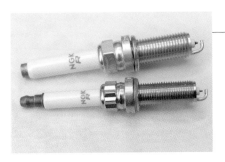

스플라인

이 「주름」은 플래시오버(절연체 표면의 방전)를 위한 대책이다. 전기가 전극 이외의 장소에서 방전하지 않도록 점화 플러그를 밖에서 덮은 캡과 조금이라도 많은 접촉면적을 갖도록 절연체를 부분적으로 가공한 이러한 형상을 하고 있다. 주름의 한 열에서 1kV 정도의 여유가 생긴다고 한다. 최근에는 위 사진처럼 주름이 없는 형상의 점화 플러그도 있다. 유럽의 자동차에서 사용하는 경우가 증가되고 있다.

이 부분의 나사 길이가 리치
4륜차용의 기본은 19mm 또는 26.5mm

다양한 중심 전극과 접지 전극

표준적인 4륜 자동차용 점화 플러그는 아래 사진의 가장 좌측에 있는 플러그이다. 회전속도가 낮을 때는 점화 플러그의 온도가 올라가기 쉽고, 고속으로 회전할 때는 혼합기의 흡입에 의한 냉각 작용을 받기 쉽다는 성질 때문에 널리 보급되었다.
왼쪽에서 두 번째가 이리듐 합금의 중심 전극을 가진 현재의 모델이다. 방전이 끝부분으로 집중하기 때문에 불꽃 위치의 불균형이 별로 없다. 세 번째는 2사이클 선박 엔진용. 연소 찌꺼기(deposit)가 잘 달라붙지 않는 형상이다.
가장 우측은 로터리 엔진 전용 플러그. 연소실로 돌출된 것이 없는 고열가형이다. 여기에 열거한 것은 극히 일부로서 몇 배나 많은 종류가 있다.

현재의 자동차 가솔린 엔진용 점화 플러그

예전의 배전기에서 점화 전력이 공급되던 시대와는 달리 기통마다 코일을 가진 점화 시스템으로 바뀌면서 점화 플러그는 성능을 발휘하기 쉬워졌다. 바꿔 말하면 점화 플러그의 성능이 직접적으로 연소로 나타난다는 점이다.
그래서 점화 플러그에 관한 기술의 혁신은 최근 10년 동안 박차가 가해지면서 진보와 속도 모두가 빨라졌다. 이 그림은 현재의 대표적인 고성능 점화 플러그로서 NGK 브랜드의 시판품인 「RX 시리즈」를 모델로 한 것이다.

세라믹 절연체

요구 전압이 높아지고 한편으로는 절연체가 얇아지는 경향에 있다. 완전히 상반되는 요소로서 재료와 제조 방법의 개선은 필수적이다. 알루미나를 분쇄·건조시키는 공정, 프레스 성형의 금형, 소성 방법, 사용하는 유약(釉藥) 등 하루아침에 얻을 수 없는 노하우가 담겨 있다. 우측 상단의 사진은 기공을 최대로 억제한 절연체 내부로서 종래(아래)의 것에 비해 절연 성능이 향상되었다.

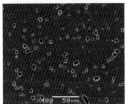

개스킷

점화 플러그는 연소실 벽을 관통하여 장착되기 때문에 기밀성의 확보가 요구된다. 이 나사의 틈새에서 연소가스가 누출되지 않도록 개스킷을 끼운다. 점화 플러그의 메인터넌스 프리(maintenance free)화에 의해 개스킷의 재질이나 형상도 바뀌었다.

중심전극

터미널에서 입력된 전력이 전극의 끝부분에서 방전되는데 그 직전에 방전부분의 열전도성을 높이기 위한 구리심(거무스름한 적색 부분)이 배치되어 있다. 구리심 위에는 세라믹스 저항체(짙은 회색 부분)가 배치되어 있어서 점화로 인해 발생하는 잡음을 흡수한다. 저항체의 저항값은 일반적으로 5kΩ(옴) 정도이다.
덧붙이자면, 점화 플러그의 잡음은 라디오 수신에 영향을 줄 뿐만 아니라 차량에 탑재된 ECU에 대한 영향도 우려되기 때문에 제조 단계에서는 저항체를 완전히 밀봉할 필요가 있다.

자동차용 표준 타입	이리듐 점화 플러그	2사이클용 연면 점화 플러그	로터리 엔진용 점화 플러그

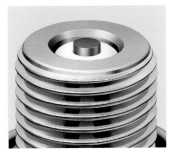

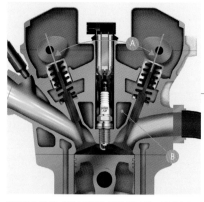

예전의 DOHC 4밸브 엔진은 이와 같은 연소실이었다. 점화 플러그의 나사 지름이 굵었기 때문에 밸브 협각 A가 크고, B의 냉각수 통로는 점화 플러그 중간까지밖에 지나지 않았다. 덧붙이자면 레이스용 엔진에서는 전부터 특수한 지름이 작은 플러그를 통해 밸브 협각을 좁게 사용하고 있었다.

현재의 DOHC 4밸브 엔진은 거의 이런 연소실의 형상으로 바뀌었다. 밸브 협각 A"는 좁고, 냉각수의 통로 B"는 점화 플러그의 장착부분 근처까지 뚫려 있다. 작아진 연소실과 냉각성능의 향상은 고압축비에 이바지하는데 얼마 전까지만 해도 생각할 수 없었던 압축비 11 : 1의 과급 엔진도 시판 차량에 장착할 정도가 되었다. 점화 플러그의 세축화(細軸化)나 다점 점화 시스템의 등장은 디젤 엔진과 같은 직립형 밸브를 가능하게 할 것이다.

고압축비 엔진과 점화 플러그

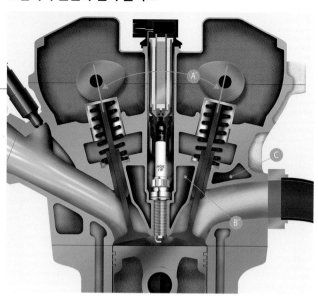

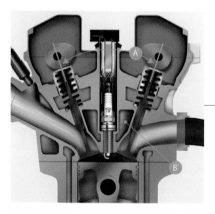

점화 플러그를 가늘게 함으로써 가능해진 결과는 A'의 밸브 협각은 약간 좁아졌고, 냉각수의 통로 B'는 점화 플러그의 나사부분까지 접근하였다. 밸브를 세우면 연소실 천정이 평평해지고 연소실의 표면적이 작아짐으로서 압축비를 높이기가 쉬워진다.

점화 플러그와 가솔린 엔진의 관계

가솔린 엔진의 경향 → 고압 압축비 → · 연소실을 콤팩트하게 · 밸브의 협각을 작게

가솔린 엔진의 경향 → 노킹 대책 → 점화 플러그/밸브 주변의 냉각성 향상

점화 플러그는 가늘고·길게

점화 플러그의 개발과 관련된 기술자들은 「혼합기에 불을 붙이기가 어려워졌다」고 말한다. 압축비가 높아짐에 따라 실린더 내의 압력도 높아졌기 때문에 불꽃이 발생되기 어려워졌다는 것이다.

예를 들면, 압축비 10인 무과급 엔진을 압축비 12로 높일 때 같은 정도의 불꽃을 발생시키기 위해서는 필요한 전압이 더 높아진다. 「예전에는 23kV 정도였던 요구 전압이 지금은 40kV라고 한다. 더구나 순간적으로 높은 전압이 요구된다. 그래서 전원 코일로부터 공급되는 전력을 전극 끝부분에 집중시킬 수 있는 전극의 설계를 연구한다. 그래도 점화 플러그 내의 중심 전극에서 전압이 상승하면 끝부분 이외의 장소에서 전기가 전극의 밖으로 새는 「누전」이 발생하게 되므로 절연체의 설계를 연구하여 누전이 잘 일어나지 않도록 하여야 한다.

일본 특수도업이 점화 플러그를 제조하는 이유는 이 절연체의 설계와 제조에 뛰어난 노하우를 갖고 있기 때문이다. 절연체는 특수한 세라믹(도기)으로서 근래의 점화 플러그에서는 아주 고밀도로 만들어지고 있다.

주요 원재료는 알루미나(Al₂O₃)로서 이것을 틀에 넣고 프레스 성형을 거친 다음 제품의 형상으로 연삭 가공한 후 최고 1600℃ 정도의 고온에서 구운(소성이라고 한다) 뒤에, 유약을 바르고 나서 900℃ 전후로 다시 굽는다. 이때 소성을 하면 도기의 체적이 약 20% 수축하기 때문에 최종적인 제품의 형상을 100분의 1mm까지 맞추려면 경험에 근거한 높은 제조의 기술이 요구된다.

어떻게 불꽃을 발생할 것인가의 문제는 「자동차의 메이커에 따라 또는 엔진에 따라 접근하는 방식이 다르다」고 한다. 단시간에 에너지를 집중하여 착화기회를 만들 것인가, 그렇지 않으면 점화시간을 길게 할 것인가이다.

이 성격의 규정에 의해 전극의 형상이 바뀌고 전극이 마모되는 진행 과정도 달라진다. 모든 점화 플러그에 공통되는 설계 기술로는 마모를 가능한 적게 하는 동시에 연료 속의 C(탄소)가 「재」가 되어 전극 부분에 달라붙는 정도도 가능한 적게 하는 것이다.

근래의 경향에 대해 물었더니 「점화 플러그의 축을 가늘게 하는 것」이라는 대답이 돌아왔다. 시작품을 보여주었는데 확실히 가늘다. 「연소실의 설계와 깊게 관련되어 있는 점화 플러그는 연소실의 중앙, 비유하자면 특등석에 배치되어 있다고 할 수 있다.

화염의 형상에 있어서 최적의 위치이기 때문인데 그 주변에는 흡기 밸브와 배기 밸브가 있으며, 점화 플러그가 굵으면 밸브의 협각이 커지게 된다. 그리고 점화 플러그 주변의 냉각이다. 가능한 한 냉각수 통로를

엔진 개발의 과제

점화가 중요한 테마가 된 현재, 점화에 대한 요구뿐만 아니라 점화부터 연소까지를 이상적으로 하기 위한 엔진의 전체 형상을 그릴 필요가 있을 것이다. 또한 플라즈마 점화나 다점 점화와 같이 새로운 점화 시스템을 시판 엔진에 적용하려면 현재의 점화방식에서 취득한 연소, 화염전파, 노킹, 조기점화와 같은 요소를 똑같이 검증해야 하는데 그런 막대한 작업이 점화 시스템을 일신하는 저해 요소가 되기도 한다. 이 대목은 자동차 메이커와 부품 공급회사가 공동으로 연구·개발을 진행하는 것이 시간과 비용을 절약할 수 있다.

```
고에너지 점화
```

점화 에너지를 크게 즉, 「강한 불꽃」을 발생시키는 방법. 전에는 25kV 정도였지만 과급 다운사이징 엔진에서는 40kV가 요구되고 있다. 게다가 고과급화가 진행되면 이 값은 더 높아진다. 전력을 공급하는 코일까지 포함해 전체적인 점화 시스템의 설계가 요구된다.

```
더 나은 가솔린 엔진의
고 효율화에 대한 요구
```

EGR(배기가스 재순환)을 많이 사용하고, 흡입 공기에 세로방향의 강한 와류를 갖게 하는 고텀블화, 미래의 트렌드로 주목받는 희박연소 등 점화 플러그로 점화해도 실제로는 혼합기에 착화되지 않는 또는 실화가 의심되는 조건이 증가되었다. 여기에 어떻게 대처할 것인가.

```
다중 점화
```

일반적으로 점화 플러그의 동작은 연소 1회당 한 번이지만 점화를 여러 번 시킴으로서 착화의 확률을 높이는 방법이다. 실화의 대책분만 아니라 더 적극적으로 「연소시키는」것을 감안한 점화 플러그의 사용법이다.

```
다점 점화
```

과거부터 현재까지 점화 플러그 2개를 장착한 트윈 플러그 가솔린 엔진은 존재해 왔다. 확실한 연소와 연소속도를 높이는 방법이다. 점화 플러그가 더 가늘어지면 종래에는 생각할 수 없었던 트윈 플러그의 가능성이 대두될 것이다. 혹은 점화장치 그 자체를 전혀 새로운 것으로 교환하고 5점~8점이 되는 점화가 가능한 개발도 여러 곳에서 진행 중이다.

점화 플러그 개발은 엔진과 1대 1로

점화 플러그가 소모품이었던 시대는 범용의 설계가 당연했지만, 엔진의 성능을 남김없이 끌어내기 위한 전용의 점화 플러그 설계가 당연시됨으로써 보수용 점화 플러그의 자리매김이 약간 달라졌다. 판매점의 재고부담을 줄이기 위해서는 범용성을 갖게 해야 한다. 일본의 경우, 이미 점화 플러그가 소모품이 아닌 부품으로 되었지만 사용 조건의 악화가 거듭되어도 고장의 발생이 없다고는 단정할 수 없다.

연소실에 가깝게 하기 위해 점화 플러그는 서서히 가늘어져 왔으며, 가늘게 하는 것이 엔진 쪽의 요구이다」

예전의 점화 플러그 나사의 지름이 14mm에서 12mm로, 현재는 지름 10mm도 있으며, 나아가 10mm 이하로의 도전도 진행 중이다. 실린더 내경이 65mm 정도로 냉각 손실의 측면에서 어려운 경자동차 엔진은 아주 가느다란 점화 플러그가 필요할 것이다.

실린더 내경이 80mm 이상 되어도 현재보다 점화 플러그의 지름이 2mm 정도만 가늘어지면 냉각수의 통로를 더 연소실 쪽으로 접근시킬 수 있다. 「2륜차용으로는 예전부터 8mm의 지름이 있었는데 지금의 다운사이징 직접분사 과급 엔진에는 사용할 수 없다.

요구 전압이 낮은 2륜차의 제품을 그대로 지금의 자동차에 사용할 수 없다는 것이다. 가늘고 동시에 높은 요구 전압에 견디는 점화 플러그, 그런 점화 플러그의 개발이다」

이제는 점화 플러그의 사양이 「엔진마다 다르다」고 기술 담당자는 말한다. 예를 들면 실린더 내로 끌어들인 공기에 세로방향의 강한 와류(tumble)를 발생시켜 연소속도를 빠르게 하는 설계에서는 전극에 불꽃이 발생하여도 와류에 의해 꺼진다는 것이다.

그 때문에 고에너지화하거나 다중으로 점화하는 방법을 통해 확실한 착화를 도모하게 되었다. 착화성은 화염의 성장에 직접 영향을 끼치기 때문

에 어쨌든 늦지 않고 확실하게 착화시켜야 하는 것이다. 「그리고 의외로 효과가 있는 것이 점화 플러그 끝부분의 전극 방향을 같게 하는 것이다.

3기통이든 4기통이든 모든 기통에서 같은 방향으로 점화 플러그가 위치하도록 실린더 헤드 쪽의 점화 플러그 홀의 나사가 깎여 들어가는 시작점을 같게 하고 있다. 점화 플러그 쪽도 나사의 홈을 내는 방법을 같게 하기 때문에 자동으로 조립을 하더라도 모든 기통의 점화 플러그 방향이 딱 맞게 된다.

점화 플러그 전극 형상의 성능 차이도 물론이지만 방향을 같이 하면 연소가 더욱 좋아진다.」 그러면 앞으로 점화 플러그의 설계는 어떤 방향으로 진행될까. 한 가지 해답은 플라즈마 점화이다. 고에너지의 용융 플라즈마 상태를 연소실 내에서 만들고 착화시키는 방법이다. 이미 여러 연구 결과가 발표되어 있다.

「일반적으로 1000분의 3초에 화염을 성장시키던 것을 1000분의 1초로 할 수 있어 시간은 3분의 1로 짧아진다. 하지만 균일한 혼합기가 생성되지 않으면 노킹이 발생하기 때문에 점화 플러그로만 해결할 수 있는 연소 개선의 영역이 아닌 것이다. 물론 잘 하면 연료가 상당히 희박한 상태에서도 연소시킬 수 있다」

이러한 새로운 점화방식의 등장은 의외로 빠른 것인지도 모른다.

⑥ 점화와 연소

다점 점화를 통한 급속 연소가 자동차 엔진을 바꾸다

실린더 내로 흡입된 혼합기는 점화 플러그에 의해 연소되면서 피스톤을 하강시키는
에너지를 만들어낸다. 이 「연소」를 둘러싸고 많은 과제가 산적해 있다.
다점 점화 장치가 이 과제를 해결해 줄 방법이 될 수 있을까.

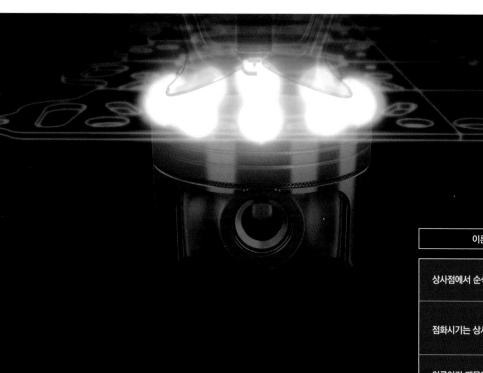

이론 오토 사이클과의 비교

가솔린을 공기와 섞어 혼합기로 만든 다음 실린더 안에서 단열 압축한 시점에 불꽃으로 점화하여 연소시킨다. 이때 발생한 팽창 에너지를 동력원으로 삼는 것이 오토 사이클이다.
다만 핵심이라 할 수 있는 연소상태는 주어진 상황이나 기계의 구성에 따라 천차만별이다. 이상연소에도 대응하지 않으면 안 된다. 이론 오토 사이클의 현상을 엔진기술자인 하야시 요시마사씨는 신의 엔진이라 칭송하는데 묘한 표현이 아닐 수 없다. 실제로 일어나는 이론과의 차이를 얼마나 줄이면서 최대의 효율을 도모하느냐가 엔진기술 개발의 핵심이다.

이론 오토 사이클	1점 점화 오토 사이클
상사점에서 순식간에 연소가 완료된다.	1군데에서의 화염이 실린더 안을 전파하기 때문에 연소가 완료될 때까지 시간이 필요하다.
점화시기는 상사점	상사점보다 앞서 점화시키지 않으면 후연소가 되어 혼합기가 가진 에너지를 유효하게 일로 전환하지 못한다.
이론이기 때문에 점화점(点火点)에 관한 개념이 존재하지 않는다.	하나의 화염을 통한 연소에 의해 상사점 전에 연소압력이 상승함으로, 압축행정 중인 피스톤을 눌러 내리려는 힘이 작용한다.

애초의 계기는 튜닝 엔진을 위한 파워 추구에서였다.

미야마의 대표이사인 미나미 요시아키라씨의 동기는 실로 명쾌했다. 출력을 높이고 싶다는 것이었다. 다만 현대의 자동차 엔진과 시스템은 고도로 복잡하기 때문에 한 명의 사용자 입장에서 튜닝을 한다는 것은 정해져 있다.

나중에 장착할 수 있는 것, 스스로도 가능할 것이 없을까 하고 지혜를 짜낸 결론이 실린더 헤드 개스킷의 다점 점화장치였다. 「직접 만든 장치를 랜서 에볼루션 엔진에 장착했더니 출력이 너무 높아 엔진이 자꾸 망가지는 것이었다. 크랭크축이 휘고, 커넥팅 로드 베어링이 손상되었으며, 이어서 메인 베어링도 손상되는 식으로 자동차가 버티질 못했던 것이다」
하지만 반응은 충분하다고 판단했다. 그래서 자사의 사업 분야인 환경 대책의 일환으로 이 성능을 살리겠다고 생각한 후 기본 엔진으로 선택

한 것은 튼튼하다고 알려진 닛산의 SR20DE 타입이다. 다점 점화 장치가 6mm의 두께 밖에 안 되는 점이 눈에 띄지만 실린더 헤드 개스킷으로 보면 있을 수 있는 두께라서 그대로 장착하면 예사롭지 않은 압축비의 저하를 초래하게 된다.

사실 양쪽에서 개스킷을 사이에 두어야 하는 이유도 있어서 실린더 블록을 대폭 절삭 연마하는 동시에 피스톤도 교환함으로써 기본 엔진의 압축비가 9.2:1 인데 반해 12.9:1이라는 숫자를 얻었다.
「거의 13:1이지만 실제 압축비는 12:1 정도이다. 가능하다면 압축비를 15:1로 높이고 더 나아가서는 3기통 엔진으로 테스트를 해보고 싶다」
엔진에 있어서 설계와 구조에 관한 장벽은 매우 높다. 하지만 달성한 데이터를 보면 꼭 도전해보길 간절히 바라마지 않는다.

▶ 헤드 개스킷 타입 다점 점화 장치

세경화가 진행되고 있다고는 하지만 종전의 점화 플러그를 여러 개 실린더 헤드에 설치하기에는 배치 요건이 매우 까다롭다. 무엇보다 먼저 실린더 헤드를 대폭 개조하는 방법은 현실적이지 않다. 미야마가 고안한 것은 실린더 헤드 개스킷의 실린더 연면(沿面)에 점화 점을 설치한 장치였다.

노킹이 발생하는 곳은 화염전파의 타이밍이 맞지 않는 미연소 부분, 즉 실린더 벽면의 부근으로서 종전의 실린더 중앙 부분에 있는 착화점에서 가장 거리가 먼 곳에 복수의 점화 점을 갖추는 것은 노킹의 유무에 상관없이 이치에 맞는다고 생각된다.

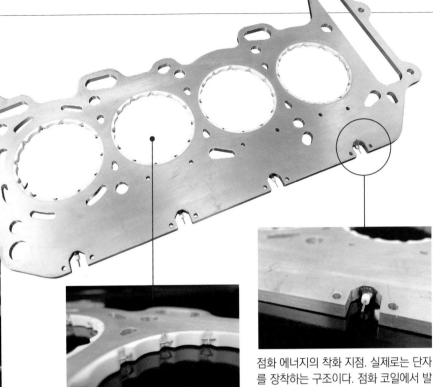

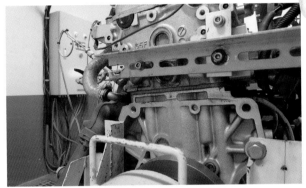

닛산·SR20DE 타입에 장착한 테스트 장치. 실린더 블록과 실린더 헤드 사이에 갈색으로 들어가 있다. 테스트 장치 자체는 두께 6mm. 이 테스트 엔진은 고압축비로 설정하기 위해 실린더 블록을 절삭 가공. 더불어 피스톤도 고압축비 형식으로 함으로써 종래 이상의 수치를 확보하고 있다.

하얀색 부분에서 안쪽이 연소실 내로 들어간다. 재질은 본체가 알루미늄, 절연 부분이 세라믹스, 현재 8군데의 전극 부분은 「특수한 합금」이다. 갭도 다양하게 시험. 전극의 지름이 가늘어짐에 따라 내열성이나 내구성은 어떨지, 실제 차량에 장착한 향후 테스트에 기대가 모아지고 있다.

점화 에너지의 착화 지점. 실제로는 단자를 장착하는 구조이다. 점화 코일에서 발생시킨 고전압을 여기에 입력한다. 입력하는 에너지는 종래의 1점 점화 총량과 똑같다. 즉 한 지점 당 에너지는 1/9. 그래도 착화성에는 문제가 없다고 한다.

▶ 다점 점화 장치의 효과

혼합기의 한 군데에만 착화시켜서는 화염이 확산되려면 시간이 걸리지만, 다점 점화 장치를 이용해 여기저기서 불을 붙이면 하나의 화염이 담당하는 영역이 줄어들어 전체가 연소되기까지의 시간을 훨씬 단축할 수 있다.

우측의 그래프에 있듯이 오토 사이클은 최대 연소 압력을 상사점 직후에 얻기 위해 점화시기에 대한 화염 전파 시간을 계산할 필요가 있지만, 다점 점화를 통해 Pmax까지의 시간을 단축시킬 뿐만 아니라 Pmax 값의 자체를 높이는 데도 성공했다. 동일 압축비 비교에서도 대략 4할은 높일 수 있다고 한다.

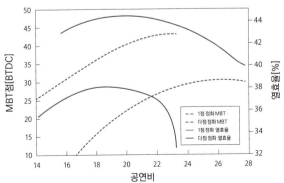

희박 연소 운전에 대한 가능성과 열효율의 관계를 나타내는 그래프이다. 기존의 엔진에서는 38% 부근에서 최대 열효율, MBT(최적 점화시기)는 상사점 전 36도 정도이다. 한편 다점 점화를 사용하면 최대 열효율은 공연비 20 부근에서 45% 부근을 제시하고 더욱이 희박 운전 측에서 열효율의 변화 상태도 완만하고 안정적이다.

엔진 테스트 벤치를 통한 실험 스로틀 100%, 3000rpm, A/F20 압축비=1점9.2, 다점12.9

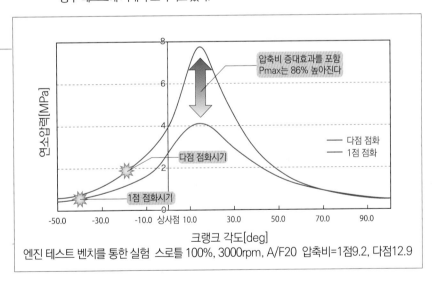

정적 연소기에 의한 화염전파의 비교. 상단이 다점/하단이 1점 점화. 연료는 LPG, A/F 15.6, 초기 압력 2bar인 조건. 이 만큼 빠른 시간에 연소를 완료할 수 있기 때문에 미연소 성분인 HC나 CO의 생성은 물론 NOx 발생도 억제할 수 있다고 한다.

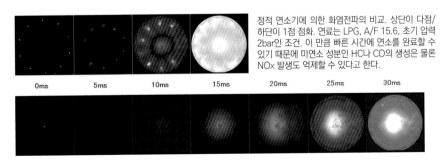

| 0ms | 5ms | 10ms | 15ms | 20ms | 25ms | 30ms |

⑦ 정상적인 「점화」와 비정상적인 「착화」

가솔린(오토 사이클) 엔진에서는 플러그 점화가 필수이다.

점화시기와 점화에 필요한 에너지는 정확하게 산정되며, 실제 운전에서도 그것이 엄격히 지켜진다.
연료가 가진 에너지를 효과적으로 끄집어내는 「제어된 폭발」은, 플러그 점화가 핵심이다.

내연기관에는 연소의 계기를 만들기 위한 점화장치가 필요한 엔진과 그렇지 않은 엔진이 있다. 후자는 디젤 엔진이고 전자는 그 이외의 대부분의 내연기관이라 생각하면 된다.

항공기용 제트(대개는 터보팬) 엔진에서도 예를 들면 에어버스 A300 계열 엔진은 시동을 걸 때 1J(joule)이나 되는 큰 에너지를 가해 착화시킨 다음, 축류(軸流) 터빈을 회전시킨다. 애프터버너를 장착한 군용기용 제트 엔진은 큰 추력(推力)을 필요로 하는 이륙이나 전투 시에 애프터버너를 사용하는데 그것을 작동시킬 때는 점화 플러그에서 점화를 한다.

점화 플러그로 점화할 때 불꽃이 튀는 시간은 극히 짧다. 가솔린 엔진(오토 사이클)에서의 흡기·압축·연소·배기는 크랭크축 2회전(크랭크각 720도)으로 이루어진다. 점화시기는 1000분의 1초 간격으로 크랭크축 회전각으로 하면 1도 정도(이것은 엔진 회전속도에 의존)로 끝난다.

점화 후에 연소가 시작되고 화염이 미연소 가스에 계속해서 전파됨으로서 연소가 확산되는데 작동 가스(혼합기)가 연소하는 시간도 크랭크축 회전각으로 하면 45도 정도이다.

크랭크축 회전각 720도(2회전) 중의 45도, 전체의 16분의 1밖에 안 되는 연소과정을 어떻게 연출하느냐가 가솔린 엔진을 설계하는 어려운 점이다. 압축과정에서는 피스톤이 TDC(상사점)를 향해 상승하는 동안에 실린더 내에 갇힌 작동가스가 압축되고 체적이 축소되면서 온도와 압력이 상승한다. 그러나 압축에서 얻어진 압력 상승만으로는 큰 힘을 얻을 수 없다. 그래서 작동가스에 점화하여 연소 에너지를 이끌어낸다.

예를 들면, 압축과정에서 실린더 내의 압력은 0.6MPa 정도를 얻고 있지만 이것을 더 연소시킴으로서 약 2.7MPa, 대기압의 270 배나 되는 압력을 얻는다. 약간 과도한 예이긴 하지만 엎드려 누운 자기 몸 위로 자신과 비슷한 체중의 사람이 270명이나 올라타는 그것도 순식간에 상황을 상상해 보면 이 엄청난 압력을 이해할 수 있을 것이다.

이것이 가솔린이라는 가반성(可搬性)이 뛰어난 액체 연료의 위력으로

정상적인 연소와 화염전파

정상적인 점화에서 연소가 시작되고 화염이 전파된다. 화염의 끝(B)은 깨끗하게 갖춰진 화염면이다. 이때 연소하기 전의 가스(C)와 연소한 뒤의 가스(A)는 같은 압력으로서 실린더 내는 어느 부분이든 거의 같은 압력으로 유지되고 있다. 연소라고 하는 화학반응이 조용히 진행된다. 그것이 정상적인 점화가 가져오는 「연소」이다. (B)의 화염면이 아래로 이동하는데 따라 피스톤도 하강하고 피스톤이 BDC에 도달하기 전에 연소는 완료된다.

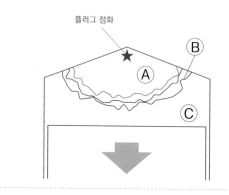

플러그 점화

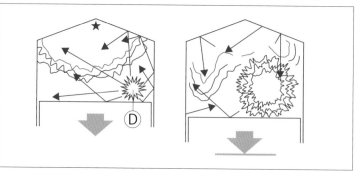

● 노킹에 의한 화염의 교란
연소파(燃燒波) 화염면(B)이 도달하기 전에 (D)의 장소에서 노킹이 일어났다고 하자. 먼저 압력파가 파란색 화살표처럼 노킹지점에서 발생하고 그 다음을 음파가 쫓아간다. 그로 인해 정상적인 연소파의 화염면이 분쇄되어 실린더 내의 압력 분포는 균일해지지 않게 되면서 극단적으로 압력이 높은 부분이 만들어진다.

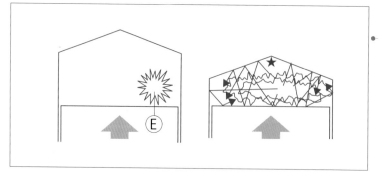

● 조기점화에 의한 출력저하
압축행정에서 피스톤이 상승하고 있을 때, 어떠한 불씨에 의해, 임의의 위치(E)에서 조기점화가 일어났다고 하자. 아직 혼합기는 충분히 압축되지 않았는데도, 급속한 연소가 시작되어 압력파와 음파가 순식간에 발생한다. 그 다음에 일반적인 플러그 점화가 이루어져도 연료는 거의 남아 있지 않게 된다.

서 아쉽지만 같은 체적의 리튬이온 전지를 완전히 방전시켜 얻을 수 있는 에너지의 밀도는 가솔린의 100분의 1에 지나지 않는다.

연소를 어떻게 제어할 것인가 최대의 핵심은 점화시기이다. 흔히 고부하 영역에서는 점화시기를 지각(retard)시킨다는 이야기를 듣는다. 점화시기를 최적의 시기보다 늦추는 즉, 크랭크축 회전각을 몇 도 정도 진행 방향에 대해 늦추는 것이다. 노킹을 방지하려는 목적이다.

다만 연소개시를 늦추면 피스톤이 연소 압력을 받아들이는 시간이 짧아진다. 피스톤의 속도는 일정하지 않아 TDC와 BDC(하사점)에서는 순간적으로 제로 속도가 된다. 피스톤의 속도가 가장 빠른 위치는 TDC에서 크랭크축 회전각으로 45도 나아갔을 때로서 이 피스톤의 속도 변화에 연소 압력을 어떻게 맞추느냐는 것도 아주 중요하다.

효율을 위해서는 점화시기를 늦추는 것이 좋다. 항상 최적의 점화시기에 점화 플러그에서 점화할 수 있도록 노킹를 피하는 방법을 마련해 두는 것이 엔진의 설계에 요구된다. 또 하나, 점화 플러그에서 점화하기 이전에 착화되는 조기점화가 있다. 이것도 피스톤이 받아들일 수 있는 연소 압력을 감소시킨다. 열효율의 향상에 마이너스 요인인 것이다. 정상적인 점화전에 일어나는 조기점화와 정상적인 점화 후에 일어나는 노킹은 현재의 상태에서는 「해악」이다.

같은 양의 연료를 투입한다는 전제에서는 조기점화나 정상연소, 노킹의 발생은 모두 실린더 내에서 발생하는 최대 압력에는 변함이 없다. 그러나 조기점화와 노킹은 제어되지 않는 급격한 연소로서 정상적인 연소에 비해 매우 짧은 시간 동안에 큰 압력파와 고속의 음파가 발생함으로서 이것이 엔진을 파손하는 원인이 된다. 지짓지짓~ 거리는 노킹 음은 이 음파 때문에 들리는 것이다.

조기점화의 발생 원인은 아직 잘 알려져 있지 않다. 하지만 높은 압력파를 순식간에 만들어내는 부분만 다룬다면 적극적으로 이용할 수 있는 가능성이 있을지도 모른다. 지금, 많은 연구소에서 이 점을 해명하려 하고 있다.

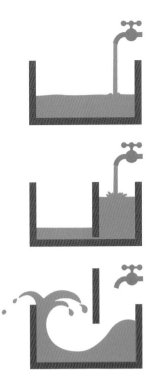

노킹은 왜 엔진을 손상시킬까?

왜 조기점화와 노킹은 엔진을 손상시킬까. 용기에 물을 채운 모습을 예로 들어 설명하면 물을 연소 에너지라고 가정하자. 수도꼭지를 통해 천천히 물을 넣은 상태(상)가 정상적인 화염전파이다. 조기점화와 노킹은 부분적으로 불이 붙고 그것이 급속하게 퍼진다. 용기 일부를 칸막이로 구분해 놓고 한 쪽에 세차게 물을 넣고 있는 상태(중)가 얼마간 진행되었을 때 그 칸막이를 제거하면 물이 한 쪽으로 밀려나면서 용기에서 튀긴다. 이것이 압력파와 음파이다.

「연소」전후에 일어나는 현상

점화 플러그의 점화가 연소 시작이다 – 좌측 그래프는 크랭크축 2회전(720도) 동안 이루어지는 4행정 가솔린 엔진의 작동과정 중 연소부분만 따로 떼어놓은 것이다. 세로축은 실린더 내의 압력이고 가로축은 크랭크축 회전각이며, 작동은 좌측에서 우측으로 진행된다.

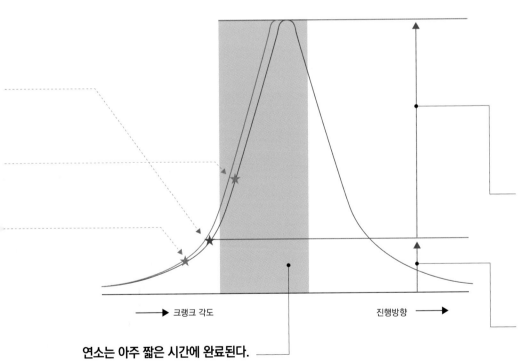

크랭크 각도   진행방향 ▶

연소는 아주 짧은 시간에 완료된다.

정상적인 점화로 연소가 시작되고, 크랭크각으로 환산하면 45도 정도가 지나면 연소는 완료된다.(그래프의 착색된 부분). 크랭크축 회전각 1도 당 발생 열량은 위 그래프의 적색선으로 나타낸 압력 상승 정점의 직전인, 정확하게 연소시간의 거의 한 가운데 부근에서 가장 높아진다. 열량은 분자의 활동으로서, 그로 인해 실린더 내 압력이 높아진다.

연소에 의한 실린더 내 압력의 상승

압축으로 인해 압력이 높아진 혼합기에 점화를 함으로써 더 큰 압력을 얻는다. 가령 노킹이 발생되었다 하더라도 같은 양의 연료를 투입했다고 하면 최종적인 발생 압력은 일반적으로 연소할 때와 똑같다. 그러나 노킹과 조기점화에서는 순간적으로 압력의 정점이 발생하기 때문에 엔진에 충격을 가하는 경우가 있다.

혼합기 압축에 의한 실린더 내 압력의 상승

피스톤의 상승에 의해 실린더 내의 체적이 서서히 줄어들면서 압력은 서서히 상승한다. 압축만으로도 압력은 높아진다. 포트 분사 엔진과 같은 경우는 이미 실린더 내로 들어간 공기가 「혼합기」로서 연료가 섞여 있다. 이것을 압축하면 어떠한 계기로 착화될 가능성이 있다. 직접분사 엔진이라도 연료 분사시기는 흡기행정인 경우가 많아서 압축할 때는 실린더 내에 혼합기가 형성되어 있다.

엔진의 가장 큰 적이라 할 수 있는 노킹은 어떻게 일어나는 것일까?
그리고 어떤 대책이 마련되어 있을까? 노킹을 축으로 살펴가다 보면 점화와 연소에 대한 이해는 쉽다.
많은 사람이 알고 싶어 하는 점화와 연소에 관한 기초지식을 하다케무라 박사가 노킹을 키워드로 알려준다.

점화와 연소를 파악하는 키워드는 노킹이다!

하타케무라 박사 : MFi에서 연재하는 「박사의 엔진 수첩」으로도 친숙한 공학박사.
자동차 메이커를 거쳐 현재 하타케무라 엔진 연구소를 운영 중이다. 이번에는 점화와
연소에 관하여 전혀 지식이나 이해가 없는 편집부 직원을 상대로 노킹을 키워드로 삼아
알기 쉽게 설명해 주었다.

― 먼저 노킹이란 어떤 형상을 말하는 겁니까?

하타케무라 : 점화된 화염이 계속해서 넓게 타들어가는 것을 「연소」, 도달하는 곳에서 각각 자기착화(自己着火)하는 것을 「폭발」이라고 한다면 노킹은 후자라고 해도 되죠.

일반적으로 가솔린 엔진에서는 연료의 증기와 공기가 혼합된 부분을 점화하여 그것이 넓게 연소되어 감으로서 열에너지를 얻는 구조이지만 그것이 항상 깔끔하게 이루어지지는 않습니다. 아무래도 편중이 생기게 되는 것이죠. 어느 부분은 연소되었는데 아직 연소되지 않은 부분도 있고 실린더의 압력과 함께 그곳의 압력이 상승하게 되죠. 그런데 압력이 상승하면 온도도 올라가 연소되고 남은 혼합기가 스스로 착화됩니다. 즉, 그것이 폭발되는 것이죠. 실린더 내의 구석 쪽에서 그런 폭발이 일어나고 그 압력이 반대쪽까지 전달되어 반사되는 아주 높고 깡깡 거리는 소리가 나는 겁니다. 노킹이란 그런 것입니다.

― 음 발생 외에 어떤 악영향이 있을까요?

하타케무라 : 큰 압력 진동이 생기면서 실린더 안쪽 벽면이나 피스톤에 큰 충격을 주지요. 일반적으로 실린더 안쪽 벽면에는 아주 미세한 공기층이 있어서 그곳이 단열층 같은 역할을 합니다. 그런데 노킹 같은 압력 진동이 가해지면 그 층이 파괴되어 직접 실린더나 피스톤으로 열이 전해지게 되죠. 그 결과 피스톤의 온도가 상승되어 소부(燒付) 되거나 피스톤 링이 고착되기도 합니다. 심할 경우에는 조기점화를 유발해 피스톤에 구멍이 뚫리거나 녹아버리기도 하죠. 커넥팅 로드가 구부러지기도 하고요.

― 그 조기점화란 것이 무엇입니까?

하타케무라 : 노킹 때문에 피스톤이나 플러그 등의 온도가 상승하면 점화하기 전에 고온과 접촉한 혼합기가 연소되기 시작합니다. 그것이 조기점화로서 점화시기를 빨리 하는 것과 똑 같습니다. 그냥 압축하는 것만으로도 온도가 상승하는데 그 과정에서 착화됨으로써 더 뜨거워지는 것이죠. 일반적으로 상사점을 지나 피스톤이 내려 가면서 착화되어 압력이 상승하는데 이 과정이 압축과정에서 일어나는 겁니다. 강렬한 노킹, 소위 말하는 슈퍼 노크(Super Knock)가 발생되면서 온도가 더 상승하면 그 다음에는 더욱 빨리 착화된다.

― 그야말로 악순환이네요.

하타케무라 : 그런 상태를 폭주 조기점화이라고도 하죠. 점점 빨라지면서 파손되는 겁니다.

― 데토네이션(detonation)이라는 말도 때로 듣게 되는데, 어떤 의미입니까?

하타케무라 : 번역하자면 이상연소가 되는데, 엔진개발 현장에서는 그다지 사용하지 않는 표현입니다. 그것보다도 최근 자주 문제가 되는 것은 과급엔진에 있어서 저속 조기점화라는 현상입니다.

― 처음 듣는 말인데요.

하타케무라 : 피스톤에 부착된 오일 방울이 연소실 안으로 들어가 자기착화하게 되면서 그것이 불씨가 되어 발생하는 현상 같은데 전체적인 모습은 해명되지 않은 상태입니다. 다만, 이것은 많아야 몇 번에 그치죠. 뜨거워진 점화 플러그나 밸브가 불씨가 되는 것은 혼합기가 연소되어 점점 온도가 상승하기 때문에 폭주하는 것이지만 오일이 원인이라면 그 오일이 없어지면 끝나게 되는 것이죠. 재미있는 것은 저속 조기점화는 실린더가 차가울 때 잘 일어난다는 것입니다. 이것을 해명하는 것이 지금의 연구과제 가운데 하나입니다.

― 개발 단계에서 조기점화가 일어나는 것인가요?

하타케무라 : 최근에는 체적비를 높게 하기 때문에 무과급 엔진에서도 발생됩니다. 특히 과급 엔진에서는 엔진의 파괴로 이어지기 때문에 중요하죠. 저도 루체 V6 터보를 2번 정도 망가뜨린 적이 있습니다. 피스톤이 녹아 커넥팅 로드가 몹시 휜 것어죠. 커넥팅 로드가 부러지고 그것이 크랭크 케이스를 깨뜨리면서 오일이 튀어나와 불이 난 경우도 있었습니다.

– 연소가 고르지 않은 것이 원인이라면 역시 내경이 크면 노킹일 잘 일어나는 겁니까?

하타케무라 : 말씀대로입니다. 내경이 크면 화염이 전달되는데 시간이 걸리는데다가 남겨진 부분이 뜨거워져 점화에 의한 화염이 오기 전에 착화되는 것이죠. 반대로 말하면 화염전파가 빠를수록 노킹은 잘 발생되지 않습니다. 그래서 텀블(tumble)을 만들어주거나 화염전파를 빠르게 하

는 것어죠. 빨리 전달되면 자기착화 될 시간이 없는 겁니다. 그래서 고속회전에서는 노킹의 발생이 힘든 겁니다. 노킹이나 조기점화 모두 저속회전에서 잘 일어나는 현상입니다. 최근에는 행정/내경 비를 1.1~1.2로 보완을 하고 있습니다. 선박용 디젤 엔진처럼 4 정도가 이상이지만 자동차용으로 연구하는 것은 1.5 정도이죠.

– 노킹을 방지하려면 구체적으로 어떤 방책이 있을까요?

하타케무라 : 먼저는 압축비를 낮추는 겁니다. 체적비를 낮추거나 흡기 밸브가 닫히는 시점을 바꿔 실질적인 압축비를 낮추는 방법이 있죠. 이것이 밀러 사이클 입니 다. 압력이 낮아지면 온도도 낮아지죠. 압력이 높으면 온도가 낮아도 자기착화하기 쉽지만 압력이 낮으면 웬만큼 온도가 높지 않으면 착화되지 않습니다.

– 이런 상황에서도 사실은 압축비를 낮추고 싶지 않은 것이죠?

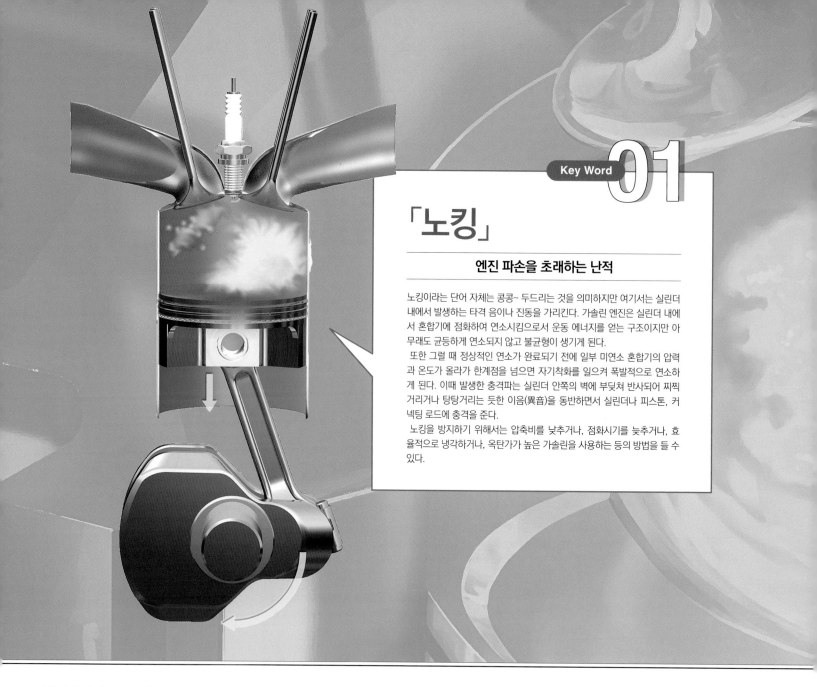

「노킹」

엔진 파손을 초래하는 난적

노킹이라는 단어 자체는 콩콩~ 두드리는 것을 의미하지만 여기서는 실린더 내에서 발생하는 타격 음이나 진동을 가리킨다. 가솔린 엔진은 실린더 내에서 혼합기에 점화하여 연소시킴으로서 운동 에너지를 얻는 구조이지만 아무래도 균등하게 연소되지 않고 불균형이 생기게 된다.

또한 그럴 때 정상적인 연소가 완료되기 전에 일부 미연소 혼합기의 압력과 온도가 올라가 한계점을 넘으면 자기착화를 일으켜 폭발적으로 연소하게 된다. 이때 발생한 충격파는 실린더 안쪽의 벽에 부딪쳐 반사되어 찌찍거리거나 탕탕거리는 듯한 이음(異音)을 동반하면서 실린더나 피스톤, 커넥팅 로드에 충격을 준다.

노킹을 방지하기 위해서는 압축비를 낮추거나, 점화시기를 늦추거나, 효율적으로 냉각하거나, 옥탄가가 높은 가솔린을 사용하는 등의 방법을 들 수 있다.

하타케무라 : 물론입니다. 밀러 사이클에서 실효 압축비를 낮추면 공기가 잘 들어가지 않게 됩니다. 체적비가 내려가면 팽창비도 떨어지죠. 팽창비란 착화되어 피스톤이 내려가는데 있어서 상사점 체적의 몇 배로 팽창하는지를 나타낸 것으로서 열효율과 직결됩니다. 팽창비를 낮추면 열효율이 떨어져 배기가스의 온도가 상승합니다. 피스톤이 받는 에너지가 줄어들고 그만큼 배기가스의 에너지로 빠져나가는 것이죠.

– 점화시기와 노킹의 관계는 어떻게 되어 있습니까?

하타케무라 : 피스톤이 올라가는 과정에서 연소를 하면 압력과 온도가 급격하게 상승되기 때문에 노킹이 발생하기 쉽습니다. 반대로 피스톤이 내려가는 과정에서는 연소에 의해 압력과 온도가 상승하지만 피스톤이 내려가는 만큼 압력도 낮아지기 때문에 노킹의 발생이 어려워집니다. 하지만 이번에는 연소해서 압력이 상승한 위치부터 하사점까지의 거리가 짧아지게 되죠. 즉 팽창비가 작아져 효율이 떨어지는 겁니다. 그 결과 배기가스의 온도가 상승하게 됩니다. 그래서 예를 들면, 과급기 같은 경우는 터빈을 보호하기 위해 연료를 약간 많이 분사합니다. 그러면 연비가 점점 나빠지는 것이죠.

– 그럼 대체 어떻게 하면 되는 건가요? (웃음)

하타케무라 : 사실은 상사점에서 순식간에 연소되는 것이 효율 면에서는 이상적이죠. 너무 빠르거나 늦어도 좋지 않습니다. 그래서 점화시기가 정말로 어렵다는 겁니다.

– 노킹을 피한다는 의미에서는 고 옥탄가 휘발유를 사용하면 될까요?

하타케무라 : 그러면 아주 좋죠. 고옥탄가는 자기착화가 잘 되지 않기 때문에 이상연소도 발생되기 힘듭니다.

– 아마도 일반적으로는 고옥탄가 휘발유가 잘 타는 인상을 준다고 생각합니다. 고출력 차량일수록 고옥탄가를 지정하고 있으니까요.

하타케무라 : 그럴지도 모르지만 실제로는 고성능 엔진일수록 노킹이 심하기 때문에 고옥탄가를 사용하는 것이죠.

– 고옥탄가와 보통 휘발유의 차이가 옥탄가라는 것은 알고 있는데 이 옥탄가라는 것이 구체적으로는 어떤 수치입니까?

하타케무라 : 가솔린 성분 중에는 자기착화가 어렵고 항노크성(Anti-knock)이 높은 이소옥탄에 가까운 성분부터 자기착화가 쉬운 노멀헵탄에 가까운 성분까지 여러 종류의 탄화수소가 혼합되어 있습니다. 옥탄

「조기점화」

폭주를 하면 대참사로 연결

연소실 내의 점화 플러그나 배기 밸브 등이 고온으로 올라가고 그곳이 착화원이 되어 점화 플러그가 점화하기 전에 착화됨으로써 화염전파가 시작되는 현상을 말한다. 점화시기를 빨리한 것과 똑 같게 되면서 노킹의 방아쇠가 된다. 이 노킹으로 인해 연소실이 더 고온으로 상승하여 연속적으로 조기점화가 일어나 강력한 노킹으로 이어지는 경우도 있다. 이러한 악순환을 폭주 조기점화(run-on preignition)라고 한다.

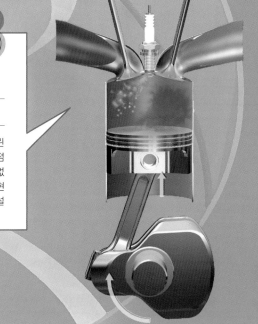

「저속 조기점화」

아직은 안개 속에 감싸여 있는 상태

근래의 과급 다운사이징 엔진에 있어서 저속회전 고부하 영역에서 발생하는 현상으로서 실린더 내로 들어온 오일 비말(飛沫)의 자기착화나 연소실에서 벗겨진 퇴적물이 착화원이 되어 점화 플러그가 점화하기 전에 착화되는 현상을 말한다. 착화원을 이루는 것이 모두 연소되면 없어지기 때문에 폭주 조기점화가 되지는 않는다. 수온이 낮을 때 쉽게 일어나는 등의 특이한 현상이 있어서 전 세계에서 원인을 규명 중이지만 특정 원인은 밝혀지지 않은 상태이고 여러 설이 있다.

가란 전자인 이소옥탄의 체적비를 말합니다. 옥탄가가 100이라면 이소옥탄과 똑같아서 자기착화가 어렵게 되는 거죠. 50이라면 이소옥탄과 노멀헵탄이 각각 반씩 들어있다는 것이죠.

– 유럽이나 일본에서 고옥탄가 휘발유는 대략 옥탄가 100을 말하지만 보통 휘발유는 일본이 90인데 비해 유럽은 90과 95사이에 있고 이것이 보통 사용되는 것 같습니다. 이 차이의 영향은 어떻습니까?

하타케무라 : 옥탄가 90과 95는 전혀 다릅니다. 95와 100은 그다지 다르지 않고요. 엔진의 압축비로는 9와 10만 하더라도 매우 큰 효율의 차이가 있기 때문에 옥탄가 95를 사용할 수 있으면 과급에서도 압축비 10을 쓰기가 편해지죠. 그런 한편으로 옥탄가 100을 지정하고 압축비를 11로 해도 9와 10으로 했을 때와 그다지 성능의 차이는 없습니다. 14를 15로 해도 마찬가지죠. 어쨌든 옥탄가 95를 사용할 수 있다는 점이 핵심입니다. 그것을 사용하지 못한 것이 일본이 과급 다운사이징에서 뒤처진 이유였죠.

– 경유에서는 세탄가라고 하던데, 옥탄가와는 다른 건가요?

하타케무라 : 디젤은 옥탄가와는 반대로 세탄가가 높을수록 자기착화가 쉬워집니다. 디젤은 연료가 스스로 착화되어야 하기 때문에 세탄

가가 높은 편이 좋죠.

– 그러면 노킹이 걱정이 되는데, 괜찮은가요?

하타케무라 : 원래 디젤의 경우는 가솔린과 같은 노킹이 일어나자 않습니다. 가솔린은 점화 플러그에 의한 점화이기 때문에 연소되고 남은 부분에서 노킹이 발생되는 겁니다. 그러나 디젤에는 점화 플러그가 없죠, 일어날 일이 없는 겁니다. 그런데 그것과는 별도로 디젤 노킹이라는 것이 있습니다. 아이들링 중에 깡깡 거리는 소리인데요, 분사된 연료의 착화가 늦어지면 그 동안에 경유가 증발하면서 만들어진 혼합기가 단숨에 자기착화되어 연소함으로써 온도와 압력이 급격하게 상승하게 됩니다. 현상으로만 보면 「광범위한 자기착화」이기 때문에 가솔린의 노킹과 같다고도 할 수는 있죠. 하지만 거기까지 이르는 과정이 전혀 틀립니다.

– 심각한 현상이라는 의미에서는 가솔린의 노킹과 똑같군요.

하타케무라 : 좀 다릅니다. 피해도 디젤 쪽이 작고요. 왜냐하면 디젤 노킹은 부하가 낮은 영역에서 발생되기 때문입니다. 온도가 낮은 만큼 착화되기까지 시간이 걸리고 그런 상태에서 노킹이 일어나는 것이거든요. 그런 상황이라면 엔진에 큰 충격은 주지 않습니다. 부하가 높을

옥탄가 / 세탄가

연소되기 쉽다? 연소되기 어렵다?

가솔린 성분 중에는 자기착화가 잘 되지 않고 항노크성이 높은 이소옥탄에 가까운 성분부터 자기착화가 잘 되는 노말헵탄에 가까운 성분까지 여러 종류의 탄화수소가 혼합되어 있다. 전자와 후자의 혼합 연료를 사용해 노킹 시험을 함으로서 가솔린과 노킹의 발생 정도가 같아지는 전자의 체적비율을 옥탄가라 부른다.

간단히 말하면 옥탄가가 100이라면 이소옥탄과 같고 50이라면 이소옥탄과 노말헵탄이 반씩 혼합된 것과 같다는 뜻이다. 실제로는 일본을 포함해 많은 나라에서 기준 엔진의 연소시험의 결과를 토대로 옥탄가를 설정하고 있다.

한편, 세탄가는 경유의 착화성을 나타내는 것으로서 높을수록 자기착화가 잘 된다. 옥탄가는 높을수록 연소가 잘 되지 않으며, 세탄가는 높을수록 연소가 잘 된다. 다만, 가솔린 엔진과 디젤 엔진 각각의 연소상태에 있어서 어떤 쪽이든 수치가 높을수록 노킹이 잘 일어나지 않는다.

「노크 센서」

미세한 이상을 바로 감지

실린더 블록에 장착하여 엔진의 노크 진동을 감시하는 부품이다. 노킹이 발생하면 이 부품이 감지하여 신속하게 점화시기를 뒤로 늦춘다(retard). 직렬 4기통 엔진과 같은 경우는 하나로 대응할 수 있지만 V타입이나 수평대항 엔진 등에는 두 개를 장착하는 경우가 많다. 시판 차량에 일반적으로 장착하게 된 것은 1980년 무렵부터로 고가의 부품이었기 때문에 일부 과급기 장착 엔진부터 사용하기 시작하였다.

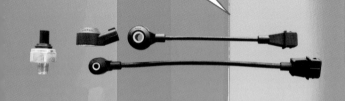

「HCCI」

가솔린의 자기착화에 따른 연소방식

HCCI는(Homogeneous Charged Compression Ignition;균일 예혼합 압축착화)의 약자로서 압축되어 고온으로 상승된 혼합기를 자기착화시켜 연소하는 방식이다. 고압축에 의한 자기착화는 전체적으로 단번에 연소되기 때문에 불꽃 점화로는 연소되지 않는 희박한 혼합기를 효율적으로 사용할 수 있어서 그을음과 NOx가 거의 발생하지 않는다. 다만 노킹의 원인이 되는 자기착화를 연속시키는 것이기 때문에 저부하 영역에서는 실화(失火), 고부하에서는 노킹의 발생 억제를 위한 제어가 어려워서 지금으로서는 운전영역이 상당히 한정된다. 더불어 고부하가 되면 연소 온도가 너무 높아져 NOx의 생성이 시작되면서 HCCI의 장점을 상실하게 된다는 것도 고부하 운전이 제한되는 이유이다.

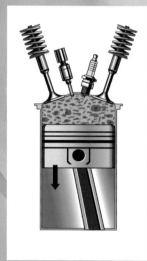

때, 주변의 온도가 높을 때 일어나는 가솔린의 노킹과 는 다르죠.

– 온도가 높을 때 일어난다고 해서 생각이 난 것이 연료의 냉각이라는 것입니다. 먼저 소박한 질문을 드립니다. 연료를 분사하게 되면 온도가 떨어지나요?

하타케무라 : 연료가 증발할 때 열을 빼앗기게 되는데요, 소위 말하는 기화열이라는 것이죠. 직접분사와 같은 경우는 상당히 효과가 있습니다. 포트분사와 같은 경우는 기본적으로 흡기 밸브가 닫혀 있을 때 분사하기 때문에 포트의 벽과 밸브의 열을 빼앗을 뿐이라 실린더 내의 온도를 낮추는 효과는 거의 없습니다.

– 그래도 가솔린 직접분사 등이 없었던 무렵부터 연료의 냉각 같은 것이 있지 않았나요?

하타케무라 : 그것은 고속회전 고부하 영역이 되었을 때 많은 연료를 분사하여 거의 연료를 쏟듯이 분사하게 되면서 일정한 효과를 얻었다는 것인데요. 흡기 밸브가 열려 있을 때 흡기의 흐름에 편승하여 연료가 방울 상태로 실린더 안으로 들어가는 것이죠. 그래서 증발하면서 직접분사와 같은 냉각효과를 가져온다는 것이었습니다. 분명하게 말하면 혼합기의 형성이 흐트러지는 것이죠. 하지만

확실히 노킹을 억제하는 데에는 도움이 됩니다.

– 지금까지 얘기를 정리해 보면, 노킹을 억제하기 위해서는 압축비를 낮추든가, 점화시기를 늦추던가(지각), 효과적으로 냉각하든가, 옥탄가가 높은 쪽이 도움이 된다는 것이네요. 이 가운데 두 번째의 점화시기를 빼면 모두 설계단계에서 정해진다고 할 수 있는데요, 반대로 말하면 점화시기만 엔진 가동 중에 가능한 제어인 셈이군요. 실제로 지각(retard)이란 것은 어떻게 하는 것입니까?

하타케무라 : 노크 센서가 실린더 블록의 진동을 감지해서 노킹이 발생하면 바로 지각(遲刻)시킵니다.

– 어디에 장착되어 있습니까?

하타케무라 : 엔진에 따라 다르지만 일반적으로는 실린더 블록의 위쪽 부분에 있습니다. 아래쪽에 장착하면 다른 진동까지 감지하기 때문이죠. 그래서 하나로 대응할 수 있도록 모든 실린더를 최대한 감지할 수 있는 장소를 찾지요. 하지만 V형 엔진이나 수평대항엔진에서는 어떻게 해도 두 개를 사용하는 경우가 많습니다.

– 그냥 4개를 쓰면 더 세밀하게 제어할 수 있는 것은 아닌가요?

하타케무라 : 하나만 써도 괜찮으면 하나면 되는 거죠. 게다가 지금

Key Word **07**

「이론 혼합비 연소」

이상적인 공연비는 14.7:1

스토이키오메트릭(화학양론)의 약어로서 공기와 연료가 완전 연소하는 이상적인 공연비에서 연소하는 것을 의미한다. 이론 공연비라고도 한다. 연료는 탄소(원소기호 : C)와 수소(H)로 구성되어 있으며, 산소와 반응하여 일산화탄소(CO)가 나오지 않고 이산화탄소(CO_2)와 물(H_2O)로 변화(즉 완전연소)한다. 산소도 남지 않도록 하려면 산소(O_2)량이 저절로 정해진다. 가솔린 엔진의 경우는 가솔린 1에 대해 공기 14.7(질량비)이 이상적이다.

Key Word **08**

「디젤 노크」

가솔린 노크 만큼 심각하지 않다

디젤 엔진은 아이들링 할 때 등에서 크릉크릉 거리는 소리나 진동이 발생하는 현상이다. 실린더 내의 온도가 낮거나 연료 자체의 착화성이 나쁜 경우에 발생하는데 분사된 연료의 착화가 늦어지면 그 동안에 형성된 혼합기가 단번에 자기착화 연소하여 온도와 압력이 급격하게 상승한다. 현상적으로는 가솔린의 노킹과 똑같지만 발생하는 과정이 다르다. 또한 발생되는 피해도 크게 달라서 부하가 낮은 시점에서 발생하기 때문에 엔진에는 그다지 충격이 남지 않는다.

Key Word **09**

「진각/지각」

노크가 일어나면 지각이 기본

4행정 엔진에서는 피스톤이 압축행정에서 팽창행정에 이르는 상사점에 위치할 때 연소시키기 위해 그것보다 조금 빨리 점화하지만 실제로는 상황에 맞춰 점화시기를 빨리하거나 늦추고 있다. 전자를 진각(Advance), 후자를 지각(Retard)이라고 한다.
일반적으로 피스톤이 상승하는 과정에서 연소를 하면 온도와 압력이 급격히 상승하기 때문에 노킹이 일어나기 쉽다. 하강하는 과정이라면 연소에 의해 압력과 온도가 상승해도 피스톤이 내려감에 따라 압력이 낮아지는 양도 있기 때문에 노킹의 발생이 어려워진다. 그러나 연소를 해서 압력이 상승한 위치부터 하사점까지의 거리가 짧아짐으로서 즉 팽창비가 감소하여 효율이 떨어져 배기가스의 온도가 높아진다. 점화시기를 제어한다는 것은 이들 균형을 감안하여 치밀하게 이루어지고 있다.

Key Word **10**

「연료 냉각」

직접분사의 경우는 효과가 크다

연료가 증발할 때 기화열을 빼앗기 때문에 냉각효과를 가져온다. 특히 직접분사 엔진에서는 혼합기의 냉각효과가 높다. 포트분사의 경우는 기본적으로 흡기 밸브가 닫혀 있을 때 연료를 분사하는 것으로서 포트의 벽과 밸브의 열을 빼앗는 셈이 되기 때문에 실린더 내의 온도를 낮추는 효과는 거의 없다. 그렇기는 하지만 고속회전 영역에서는 거의 쉴 틈 없이 분사하는 상태가 되기 때문에 흡기 밸브가 열렸을 때 흡기류에 편승하여 방울 상태로 실린더 내에 들어가 직접분사와 같은 냉각효과를 초래하기는 한다. 깨끗한 혼합기는 되지 않지만 노킹 억제로 이어진다. 이 효과를 겨냥해 저속회전 고부하에서 흡기 밸브가 열렸을 때 분사하는 엔진도 나타나고 있다.

은 아니지만 예전에는 매우 비싼 부품이었습니다. 시판 차에 장착하게 된 것은 1980년 무렵부터 였습니다. 그것도 일부 과급기를 장착한 모델에 한정되어서요.

－ 그랬습니까. 그래도 지금은 유해 배기가스 제어의 기술이 발달하지 않았습니까. 예를 들면 이렇게 해서 이렇게 되면 노킹이 일어나니까, 그런 경우는 미리 지각하는 식의 제어가 감지하지 않고도 가능하지는 않습니까?

하타케무라 : 그렇게 계산대로 되지는 않습니다. 물론 미리 노크 센서 같은 맵은 만들 수 있지만 점화시기를 늦추면 연비가 나빠지기 때문에 가능하면 피하려고 하죠. 게다가 기압이나 습도, 흡기 온도의 차이, 엔진의 개체 차이 등과 같은 문제도 있습니다. 그래서 노크 센서로 정확하게 감시해서 최대한으로 제어하는 것입니다.

－ 노크 센서를 사용하기 전에는 어떻게 했습니까?

하타케무라 : 마진을 많이 두었지요. 당시에는 압축비가 8~9 정도로 지금보다도 상당히 낮았습니다. 당연히 연비도 나빴고요.

－ 지금은 압축비가 10을 넘는 것이 보통인데요, 마쯔다 데미오 같이 보통 가솔린 사양에서 14나 되는 대단한 엔진도 나와 있습니다. 이 14라는 것을 항노킹이라는 관점에서 봐도 역시 경이적인 수치라 할 수 있나요?

하타케무라 : 데미오가 나오기 전에는 모두가 가능하지 않을 것이라 보았죠..

－ 어떤 기술적인 돌파구가 있었던 것인가요?

하타케무라 : 가능하다고 생각했기 때문에 달성한 것 아닐까요(웃음). 그때까지는 어떤 메이커든 압축비 10을 11로 하고 다음에 11을 11.5로 하는 방식으로 조금씩 올려왔죠. 하지만 마쯔다는 HCCI를 연구하게 되면서 그 덕분에 HCCI의 높이는 압축비에 대해 다양하게 파악하게 된 것이죠. 이번에는 압축비 15 상태에서 일반적인 SI(Spark Ignition)로 작동시켜 보았더니 의외로 토크가 떨어지지 않은 것을 발견하게 된 것입니다. 간단히 말하면 그렇게 된 겁니다.

－ 지금까지 말씀을 들어보니 엔진의 개발이라는 것이 요컨대 노킹과의 싸움이라는 인상을 받았습니다.

하타케무라 : 불꽃 점화 엔진의 연비나 효율을 추구하다보면 반드시 노킹이라는 벽에 부딪치게 됩니다. 그것을 어떻게 해결해 나가느냐가 예전이나 지금도 엔진의 가장 중요한 연구 과제라 하겠습니다.

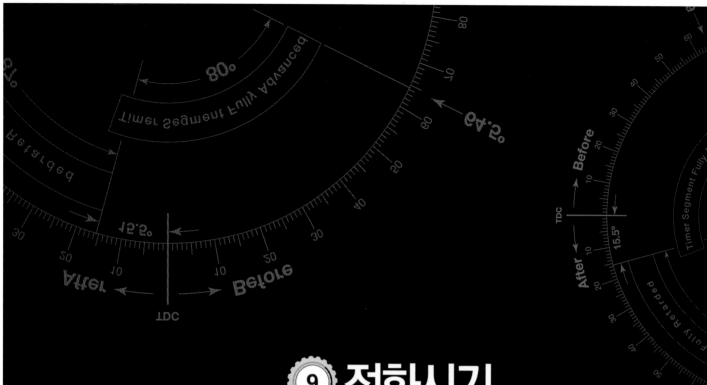

⑨ 점화시기

점화시기란 무엇인가.

가솔린 엔진에 있어서 가장 단순하고 효능적인 제어기구.

「진각」「지각」이라는 용어가 있는데 무엇을 기준으로 빨리하거나 늦추는 것일까?
최적의 점화시기란 어느 시점을 가리키는 것일까.
닛산자동차의 기술진에게 물어본 점화시기 조정의 요점을 정리해 보았다.

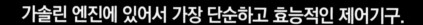

MBT라고 하는 점화 세계의 헌법

가솔린 엔진에 있어서 어떤 시점에서 점화를 할 것인가의 문제는 매우 중요하다. 물론 흡기나 배기행정에서 점화를 하는 경우는 있을 수 없지만 압축행정이 크랭크축의 회전각도로 180°가 된다고 치고, 그 안에서 점화해야 하는 최적의 위치가 있다. 최적의 점화시기 이외에서 점화를 하면 연소 압력이 정확하게 피스톤으로 전달되지 않는 즉, 토크가 손실(loss)될 뿐만 아니라 연료가 가진 에너지도 손실되어 연비가 나빠진다. 엔진의 첫 번째 성능 지표인 열효율을 높이기 위해서는 그야말로 딱 맞는 점화시기가 요구되는 것이다. 그러면 어느 시점에 점화하는 것이 최적일까? 매우 간단하게 생각하면 그것은 상사점이라 할 수 있다. 압축행정이 끝나고 피스톤이 내려가기 시작하는 순간에 점화하면 된다. 하지만 그것은 그저 이론일 뿐 완전한 단열 엔진(냉각손실이 제로)이 아니면 상사점에서 점화를 해서는 시기상 너무 늦다. 연소에는 시간이 필요하기 때문에 그 압력이 최대가 되었을 때는 이미 피스톤의 하강행정이 진행 중이어서 모든 하강행정을 토크로 변환할 수 없게 된다. 그렇기 때문에 현실적으로는 그것을 감안하여 상사점보다 어느 정도 앞선 단계에서 점화할 필요가 있다. 어떤 가솔린 엔진이든 연료 질량의 50%가 모두 연소되는 것은 상사점후(ATDC) 약 10°로서 그것이 연소 압력=토크가가 되는 지점이다. 거기서부터 역산한 최적의 점화시기를 MBT(Minimum Advance for best Torque)라 한다.

▶ 최적 점화시기의 설정

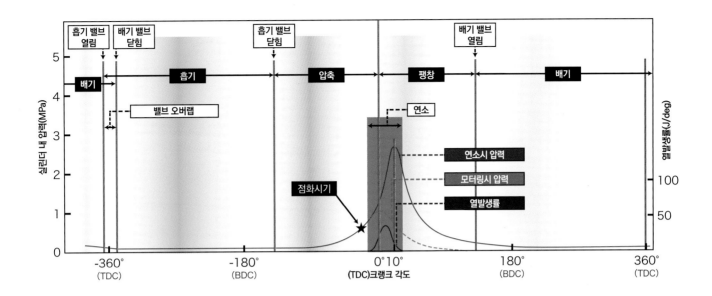

▶ 엔진 회전속도: 부하와 점화시기의 관계

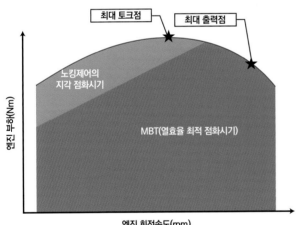

위 그림은 가솔린 엔진의 부분부하에서 일반적인 실린더 내의 압력 추이를 크랭크축 위치에 입각하여 나타낸 것이다. 가장 열효율이 좋은(고토크/저연비) 열 발생의 피스톤 위치는 어떤 운전조건이든 거의 똑같은 크랭크축 회전각도에 있으며, 거기서부터 연소에 걸리는 시간과 점화하고 나서 열이 발생할 때까지의 시간 차이를 고려하여 최적의 점화시기를 설정한다. 그 최적의 시점을 MBT(Minimum Advance for best Torque)라 한다. MBT는 엔진의 차이에 의해 공연비나 혼합기의 온도, EGR 양 등에 영향을 받아 변동하는 상대 값으로서 이 수치(數値) 자체는 외부조건이나 운전조건에 따라 변동한다. 그 변화를 감안하여 점화시기를 조정하는 것이 「진각」, 「지각」이라는 제어로서 크랭크축 회전각도를 바탕으로 표기한다. 항상 MBT에서 점화하는 것이 이상적이기는 하지만 노킹의 위험성이 있는 경우는 연소 온도와 압력을 낮출 필요가 있기 때문에 지각(retard)을 한다.

노킹제어는 점화시기를 늦추는 것으로 이루어진다. 기본은 노크 센서를 이용하여 노킹 특유의 진동 초기를 감지하고 나서 늦추게 되는데 저속회전 고부하(1000rpm정도부터 스로틀 밸브를 완전히 열림 상태)에서는 연소 압력과 온도가 일시적으로 높아져 노킹을 발생하기 쉽기 때문에 사전에 점화시기를 지각방향으로 설정한다.
엔진의 회전속도가 상승하여 최대 토크의 발생점을 넘어서면 부하는 감소하기 때문에 진각해서 MBT 점화를 한다. 지각을 하면 토크(열효율)가 떨어지기 때문에 고부하에서도 여유가 있으면 조금이라도 진각방향으로 제어하지만, MBT를 넘어 진각하는 것은 역시 열효율이 떨어질 뿐만 아니라 노킹의 위험성이 높아지기 때문에 설정하지 않는다.

노킹이 MBT 점화를 방해한다.

그런데 엔진이란 상대는 호락호락하지 않아서 항상 MBT에서 점화하면 되느냐 하면 그렇지 않다. 일정한 속도로 정속 주행을 하고 있는 경우는 MBT로 충분하다. 그러나 저속회전에서 스로틀 밸브를 열고 가속하려고 할 때 즉, 저속회전 고부하 운전에서는 MBT가 최선이 아니다. 이런 운전 상태에서는 점화하기 전에 뜻밖의 착화 즉, 노킹이 발생할 가능성이 높다. 그래서 연소 압력을 낮추기 위해 MBT보다 점화시기를 늦추는 「지각(遲角)」이 필요하다.
만약 이 엔진이 가변 압축비라면 노킹을 방지하기 위해서는 압축비를 낮추면 된다. 현실적으로는 순수한 가변 압축비 엔진은 존재하지 않기 때문에 대신에 지각을 하는 것이다. 과급 엔진은 실효 압축비

가 높기 때문에 노킹을 피하기 위해서 기계 압축비를 낮추는데 이것을 점화시기의 지각으로 해도 결과는 똑같다. 즉 토크는 떨어진다. 성능 조건만 생각하면 항상 MBT에서 점화하는 것이 가장 좋지만 그것을 방해하는 것이 노킹이다. 전자제어 이전의 자동차에서는 회전속도의 상승과 더불어 점화시기를 빨리할 필요성 때문에 배전기 안에 조속기를 설치하여 진각 방향으로만 제어했지만(회전속도 의존제어), 이것은 회전속도에 의해 MBT가 변화하기 때문에 거기에 맞추는 것 일분 노킹을 회피하기 위해 지각시키지는 않는다.
터보 엔진이 등장하면서 노킹이 문제가 되었지만 전자제어 기술이 등장하고 나서야 비로소 지각의 제어가 이루어지게 된다. 노킹 자체는 노크 센서라고 하는 단순한 센서로 사전에 감지할 수 있기 때문에 그 신호를 받은 ECU가 점화시기를 늦춘다. 고옥탄가 사양의

▶ 주행 조건과 점화시기의 관계

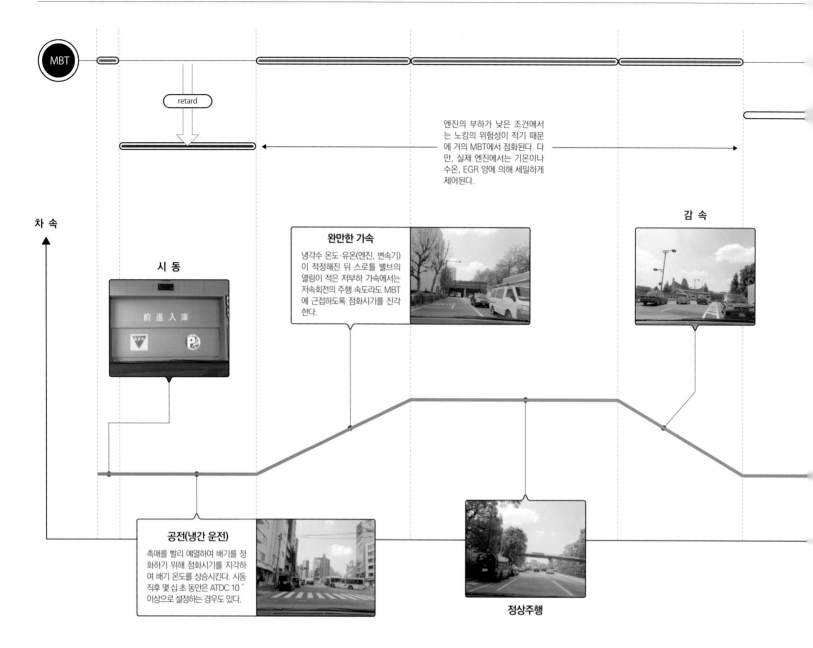

MBT

retard

엔진의 부하가 낮은 조건에서는 노킹의 위험성이 적기 때문에 거의 MBT에서 점화된다. 다만, 실제 엔진에서는 기온이나 수온, EGR 양에 의해 세밀하게 제어된다.

차 속

감 속

시 동

前進入庫

완만한 가속
냉각수 온도·유온(엔진, 변속기)이 적정해진 뒤 스로틀 밸브의 열림이 적은 저부하 가속에서는 저속회전의 주행 속도라도 MBT에 근접하도록 점화시기를 진각한다.

공전(냉간 운전)
촉매를 빨리 예열하여 배기를 정화하기 위해 점화시기를 지각하여 배기 온도를 상승시킨다. 시동 직후 몇 십 초 동안은 ATDC 10°이상으로 설정하는 경우도 있다.

정상주행

엔진에 보통의 가솔린을 잘못 넣었을 경우 등도 마찬가지로 점화를 할 때는 피드백 제어를 한다. 엔진의 회전속도와 부하가 같더라도 냉각수의 온도나 유온, 흡기 온도, 밸브 타이밍, EGR 양 등에 따라 연소실의 온도가 바뀌는 즉, 노킹이 발생하는 시점이 변하기 때문에 그것을 예측해서 점화시기가 피드포워드(feedforward ; 자동 제어에서 변화를 미리 검출하고 출력에의 영향을 예견하여 수정을 가하는 방식)로 조정된다.

제어는 가능하더라도 노킹의 위험성은 항상 존재하기 때문에 평소에는 어느 정도의 마진을 두어 MBT보다 약간 늦게 해두었다가 아무것도 없으면 MBT 방향으로 진각시키는 것이 현재의 엔진 점화시기 제어 이론이라 할 수 있다. 「지각」이라는 말이 상사점 기준에서 한다고 오해하는 사람들이 있는데 실제로는 MBT를 기준으로 하는 용어이다. MBT 자체가 회전속도에 따라 변화하기 때문에 절대 값에서의 변동이 아니라는 것을 나타내 준다. 마찬가지로 MBT보다 앞에 점화하는 것은 피스톤이 상승하려고 하는 힘을 연소 압력으로

누른다는 의미가 있으며, 노킹의 위험성도 있기 때문에 마진분에서 MBT를 넘어선 진각이 이루어지는 경우도 원칙적으로 없다.

1사이클마다의 세밀한 토크 제어도 점화시기로

이와 같이 점화시기의 조정이란 노킹을 회피하기 위한 방법이라 할 수 있다. 공연비나 EGR 양의 조정 등 다른 방법이 있음에도 불구하고 노킹의 대책은 제일 먼저 점화시기의 조정부터 하는 것이 기본이다.

그것은 점화시기의 조정이 4행정 엔진을 한 사이클 별로 제어할 수 있는 유일한 방법이라 노킹과 같이 심각한 문제에 가장 신속하게 대처할 수 있기 때문이다. 동시에 그런 고속 제어력을 활용한 점화시기의 조정은 보조기기의 단속에 따른 미세한 토크 변동의 해소 등 순간적인 토크 제어 등에도 사용되고 있다.

또한 다른 장치를 점화와 조합시켜 제어함으로서 열효율을 향상시키기 위해서도 사용된다. 예를 들면 냉각 EGR은 펌핑 손실의 저감뿐만

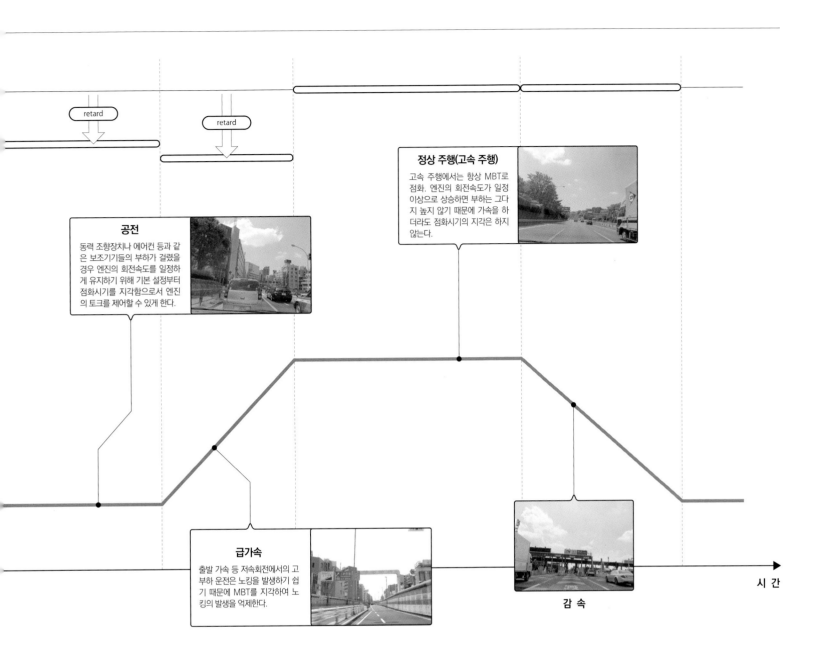

retard

retard

공전

동력 조향장치나 에어컨 등과 같은 보조기기들의 부하가 걸렸을 경우 엔진의 회전속도를 일정하게 유지하기 위해 기본 설정부터 점화시기를 지각함으로서 엔진의 토크를 제어할 수 있게 한다.

정상 주행(고속 주행)

고속 주행에서는 항상 MBT로 점화. 엔진의 회전속도가 일정 이상으로 상승하면 부하는 그다지 높지 않기 때문에 가속을 하더라도 점화시기의 지각은 하지 않는다.

급가속

출발 가속 등 저속회전에서의 고부하 운전은 노킹을 발생하기 쉽기 때문에 MBT를 지각하여 노킹의 발생을 억제한다.

감 속

시 간

아니라 연소 온도도 낮출 수 있는데 거기서 점화시기를 더 MBT에 근접시켜 EGR로 인해 손실될 토크를 회복할 수 있도록 하는 방법이다. 다만 EGR의 경우는 연소 속도가 느려지기 때문에 빨리 점화하지 않으면 연료가 모두 연소되지 않는 것도 요인이긴 하다.

점화에 관한 기본 인식 변화가 일어나려 하고 있다.

엔진 제어의 시작이고 그 이론이 완성된 것처럼 보이기도 하는 점화 시스템. 희박한 연소에서는 공기의 과잉 때문에 또한 와류가 심할 때는 가스의 유동이 빨라지기 때문에 착화가 잘 되지 않아 실화의 위험성이 있는 등 점화에 있어서 작금의 연소기술의 진보는 엄격한 기준을 갖춰야 한다. 최적의 조기 점화시기 조정만으로는 점화 자체를 완료시키기 어려워진 것이다. 4밸브 펜트루프 연소실에서 점화 플러그의 배치를 최적화할 수 있게 되고, 삼원촉매에 배기가스의 정화를 맡기게 된 이후 점화 시스템은 점화시기의 조정만 생각하면 되었다.

바꿔 말하면 엔진의 개발에 있어서 가장 먼저 결정하는 것이 점화로서 그것은 일종의 금과옥조가 되었다. 반대로 말하면, 보쉬가 현재의 점화 시스템을 발명한 이래 근본적인 기술혁명은 이루어지지 않았다는 점이다. 하지만 가솔린 엔진의 기술적 포화는 최상이라고 여겨졌던 연소실 정점의 점화 플러그의 위치를 비롯하여 모든 것을 재검토해야 하는 시기를 맞이하는 것 같다.

점화의 진화를 위한 기술 중 하나는 다점 점화이며, 또 하나는 점화 에너지의 증대이다. 둘 모두 효과가 높은 것은 확인되긴 했지만 엔진과 그 주변기구의 근본적인 변화가 불가피하다.

센터 점화 플러그 & DOHC 4밸브로 실린더 헤드의 구조가 규정되어 있는 현재의 엔진에 있어서 그것을 바꾸는 것은 막대한 개발 자원과 비용이 발생하기 때문에 알맞은 효과를 얻을 수 있다는 확신이 없는 한 쉽게 진행하지 못하는 것이 현재의 상태라 할 수 있다. 여러 위험을 감수하면서까지 점화 시스템이 변혁될지 어떨지에 따라 미래의 가솔린 엔진의 발전이 좌우될지도 모른다.

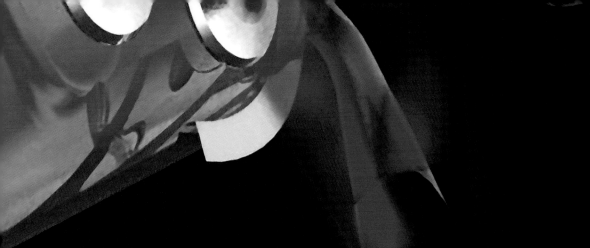

① 교류 발전기 (Alternating Current Generator)

 해마다 높아지는 자동차의 전기 의존도에 어떻게 대처할 것인가

● 교류 발전기의 이중성

왼쪽은 스마트하게 탑재된 발레오 (Valeo)의 「StARS 스타터(Starter)」이다. 교류 발전기를 발전기뿐만 아니라 스타터로도 이용하는 마이크로 하이브리드는 유럽과 미국을 중심으로 점점 더 많이 사용되고 있다.

마치 예전의 셀 다이나모(cell dynamo)가 부활한 것 같은 인상이다. 위는 BMW의 760Li(E66)에 탑재된 수랭식 교류 발전기이다. 수랭 방식은 발전량 증가에 동반한 발열의 문제에 대처하며, 소음의 저하에도 크게 기여하고 있다.

●**로터**

교류 발전기 내부에서 회전하는 코일이 로터(rotor)이다. 왼쪽 끝의 동 재질의 접점(슬립 링)을 거쳐 중심부 코일에 전류가 흐르면 로터 철심(삼각형으로 보이는 부품)이 전자석이 된다. 사진에서는 보이지 않지만 왼쪽에는 냉각용 팬이 배치되어 있다.

●**스테이터**

스테이터 철심의 코어(core)에 에나멜 피복의 동선을 감은 구조가 스테이터(stator)이다. 고정자로 불리는 것처럼 하우징 내에 설치된 또 하나의 코일이다. 로터와 거의 근접해 있어서 자속(magnetic flux)을 주고받는다. 발열이 크기 때문에 코어는 외부에 노출하는 구조로 되어있는 것이 특징이다.

●**실리콘 다이오드(정류기)**

로터×스테이터의 회전에 의해 발생한 교류를 직류로 정류하는 것이 실리콘 다이오드(정류기 ; rectifier)이다. 예전에는 셀레늄(selenium) 소자 등을 사용하여 별도의 부품으로 하였으나 실리콘 다이오드의 등장에 의해 한 번에 소형 경량화 및 신뢰성의 향상을 이루어 본체와 일체화시켰다.

●**전압 조정기**

엔진에서 벨트에 의해 구동되는 교류 발전기는 회전수가 일정하지 않고 발생 전압의 변동이 심하다. 이것을 배터리 충전에 적합한 14V정도로 안정화시키는 것이 전압 조정기이다. 예전의 무접점식이 IC 형식으로 변경되어 본체에 내장되었다.

●**풀리**

엔진 크랭크축에서 벨트를 통해 교류 발전기에 동력을 전달하는 입구가 풀리(pulley)이다. 현재는 미세한 요철 부분으로된 립 벨트(ribbed belt)가 주류를 이루고 있다. 토크 변동이 큰 디젤 엔진 등은 일방향(one-way) 클러치를 구비하고 있다.

현재 자동차용 발전기는 오로지 교류 발전기뿐이다. 일반적으로 「알터네이터」라고 부르는 경우가 많다. 예전에는 직류 발전기(Direct Current Generator, 일본에서는 "발전기"의 의미인 다이나모라고 불리기도 했다)를 사용하기도 하였으나 저속 회전시 발전(충전) 효율이 나쁘기 때문에 교류 발전기로 대체 되었다.

부하상태인 각 전장품은 직류로 작동하기 때문에 교류 발전기에서 발전한 교류는 정류기(rectifier)를 거쳐서 직류로 정류되며, 또한 충전에 적합한 14V 정도에서 안정화를 이루는 전압 조정기를 통해서 배터리나 각 부하에 전달된다.

교류는 영어 표기로 교류 전류(Alternate Current)가 나타내듯이 주기적으로 크기와 방향이 변화한다. 그 가운데 플러스(+)와 마이너스(-)의 (+) 부분만을 다이오드(회로의 "일방통행"을 만드는 전자 소자)에 의해 정류되어 직류로 변화시키는 것이 다이오드(정류기)의 역할이다.

현재는 3계통의 위상을 120도 간격으로 배치하고 6개의 다이오드를 갖춘 3상 전파 정류가 주류이며, 최근의 자동차는 전기의 의존도가 현저히 높아지는 가운데 원류인 교류 발전기의 부하도 높아지고 있다.

한편으로는 엔진룸의 협소화에 동반한 각 기구의 소형 경량화도 강하게 요구되고 있어서 "가장 좋은 위치"에 배치되어 있는 발열이 높은 근원지

인 교류 발전기에도 그 여파가 몰려온다.

Bosch에 따르면 유럽의 경향은 「고효율」과 「디지털 제어」의 두 부분이다. 「고효율」에 대해서는 스테이터 코일(stator coil)의 철심에 의한 전력 손실과 발전 효율의 향상을 위한 기계 손실의 개선 및 전압 조정기와 다이오드 등 전기 회로부의 전기 손실의 개선을 도모한다.

그런 점에서 이 회사의 교류 발전기의 효율은 엔진 출력(입력)을 100으로 가정했을 때 일반적인 타사 제품은 50~65%인데 비하여 70% 후반에서 80%를 넘는 성능을 자랑한다.

「디지털 제어」는 기존의 교류 발전기가 배터리 단자 사이의 전압을 모니터링 하면서 발전하는 것에 대응하면서 거기에다가 상위의 ECU로부터 명령을 받아 운전부하 상황과 배터리 전압, 회생까지도 시야에 넣어 발전하는 것이 특징이다.

예를 들어 BMW에 채택된 충전 장치에서는 배터리의 충전이 완료되면 교류 발전기는 발전을 중단하여 무부하 작동(free running) 상태로 하고, 배터리 전압이 부족한 상황이라도 풀 가속을 필요로 할 때는 교류 발전기의 가동을 정지하여 엔진의 출력을 최대의 상태로 한다. 억지로 배터리 전압을 낮추거나 제동 시에 감속 에너지를 회생하는 등의 세세한 제어를 가능하게 하였다.

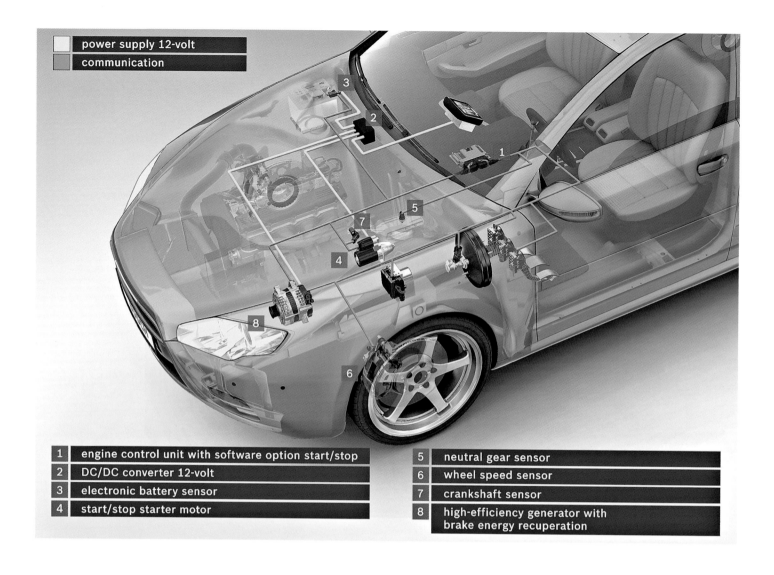

1	engine control unit with software option start/stop
2	DC/DC converter 12-volt
3	electronic battery sensor
4	start/stop starter motor

5	neutral gear sensor
6	wheel speed sensor
7	crankshaft sensor
8	high-efficiency generator with brake energy recuperation

power supply 12-volt
communication

●Bosch의 「시동/정지 장치(start/stop)」

Bosch의 마이크로 하이브리드 장치가 「시동/정지 장치」이다. 타사의 장치가 교류 발전기로 엔진 시동을 꾀하는 것에 비해 Bosch는 큰 폭으로 강화한 스타터 모터를 사용하는 것이 특징이다. 새로운 유럽 모터 드라이빙 사이클에서 최대 5%의 연비저감을 실현하였다. 2007년부터 대량 생산을 개시하여 BMW, MINI, 기아자동차, Fiat 등에서 채택하고 있다.

② 9G 알터네이터/ 벨트 구동 모터 · 제네레이터(MG)

신제품 개발에 의해 출력 전류를 54% 향상

▶ 제9세대 알터네이터

기존의 기종 Conventional models		신세대 기종 New generation
6GA	**8GM**	**9G**
채움율 60%	채움율 72%	채움율 85%

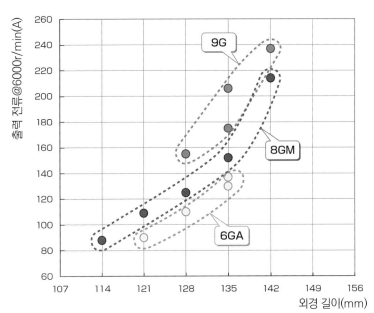

띠 모양으로 연속으로 감은 코일군

절연지

띠 모양 철심

철심에 코일 삽입 → 링 모양 형성

●**띠 모양으로 작고 얇게 만들어, 둥글려서 삽입한다**

알터네이터의 출력 향상에는 스테이터의 권선 공간에 대해 코일의 단면적을 크게 한(채움율의 증대) 것이 유효하다. 기존의 스테이터 코일은 제조공정에 있어서 동선을 스테이터 코어로 축방향에서 삽입하기 때문에 채움율의 향상에는 한계가 있었다.

그러나 산요전기는 관절형태의 직렬철심에 코일을 감아서 둥글게 한 스테이터 코일을 갖는 「포키포키 모터」의 자사기술에 착안하였다. 스테이터 코어와 코일을 평평한 띠 모양으로 하여 링 모양으로 삽입하는 방법을 고안하였다. 채움율의 비약적인 향상과 함께 코일 엔드(coil end)의 높이를 억제하는 것으로 저항을 큰 폭으로 줄이고 발전 효율을 향상시켰다.

▶ 전용 벨트 구동 MG

알터네이터와 대체(교환)를 가능하게 한 일체형 MG

모터 제너레이터(MG)를 탑재한 세계 최초의 마일드 하이브리드 장치(mild hybrid system)는 2001년의 토요타 THS-M이다. 42V 전원/36V 배터리를 구비하여 MG를 탑재하였다. 산요전기의 MG는 기존의 MG 유닛과 IPU(intelligent power unit)를 일체화하였다. 14V 전압으로 알터네이터와 대체도 가능케 하였다. 고효율 발전에 의해 13~15%의 연비 개선의 효과를 기대한다.

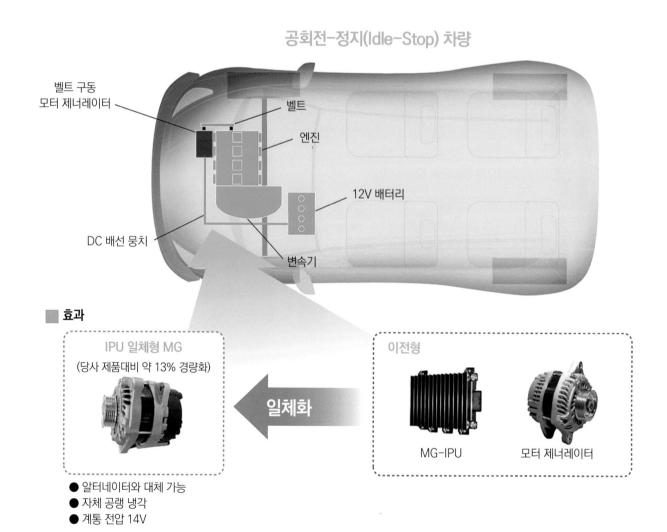

공회전-정지(Idle-Stop) 차량

벨트 구동
모터 제너레이터

벨트

엔진

12V 배터리

DC 배선 뭉치

변속기

■ 효과

IPU 일체형 MG
(당사 제품대비 약 13% 경량화)

이전형

일체화

MG-IPU

모터 제너레이터

● 알터네이터와 대체 가능
● 자체 공랭 냉각
● 계통 전압 14V

② 스타터(Starter)·알터네이터(Alternator)·리버시블(Reversible)·장치(System)

파리 시가지에서 25%의 연비개선에 도달

StARS Stater

「Reversible」의 스타터 · 알터네이터(Starter · Alternator)

발레오(VALEO)의 StARS(Starter-Alternator Reversible System). 리버시블(Reversible)의 문자가 보여주는 것처럼 알터네이터가 발전 및 엔진 시동을 담당하는 장치이다. 600A의 대전류로도 작동하는 스타터 모터(Starter Motor)의 대체수단이다.

유럽 시장의 시트로엥(Citroen) 「C2/C3 정지 및 시동(Stop&Start)」에 채택되어 일반적 C2에 비해 CO_2 배출량을 10% 정도 저감시켰다. 차량 정지 시에 엔진이 정지된 상태에서 운전자가 브레이크 페달에서 발을 떼면 불과 400밀리초 이내에 재시동시킨다. 발레오에 의하면 StARS 장치에 의해 정체가 심한 파리 시외에서 실제 연비를 25% 저감시켰다고 한다.

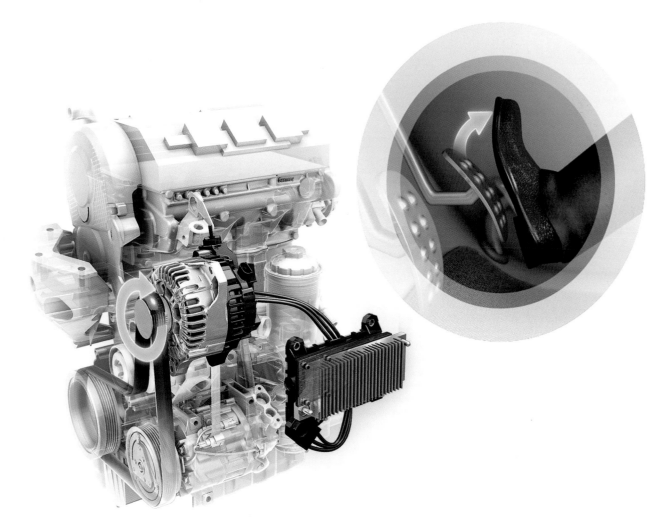

③ SC3-6형 알터네이터 / SC1·2형 알터네이터

170-220A의 대용량 발전을 실현

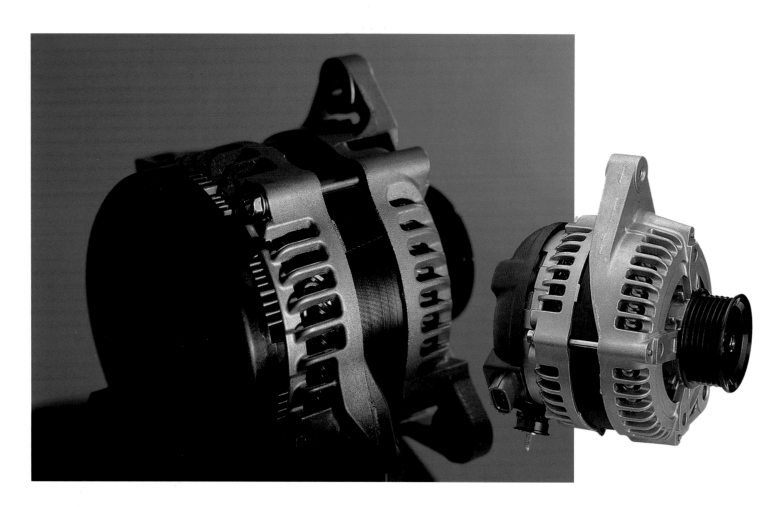

현재의 자동차에서 전동 동력 조향장치가 요구하는 순간적인 50A의 대전류, 연비효율이 향상되었기 때문에 엔진의 발열이 적은 디젤 차량의 히터(100A), 한낮에 켜는 전조등(10A) 등 요구전력은 꾸준히 증가하고 있다. 덴소(DENSO)가 2005년에 발표한 SC3-6형 알터네이터는 공랭식이지만 최대 220A 발전용량을 자랑한다. SC형 알터네이터는 스테이터의 권선 집적 밀도를 2배, 로터의 회전수를 18000rpm에서 20000rpm까지 높여 고출력을 꾀한 제품이다.

SC3-6은 정류기의 냉각 팬 표면적을 2배로 늘려 방열성을 높인 것으로 한층 더 고출력을 실현하고 있다. 거기에 더해 덴소(DENSO)는 알터네이터를 단순한 발전 부품만이 아닌 에너지 공급장치의 일부로 사용하고 있다. 예를 들어, 약 30%인 배기열 손실을 열원으로 활용하여 역회전 엔진 시동 시의 충격을 완화하는 등 다양한 방향성을 모색한다.

자동차 잡지의 名家 삼영서방(三栄書房)

Motor Fan illustrated 한국어 편역판

Motor Fan illustrated edited by San'ei Shobo Publishing Co., Ltd.
Copyright © San'ei Shobo Publishing Co., Ltd.

Korea translation copyright © 2018 by GoldenBell Corp.